北京市科学技术协会科普创作
出版资金资助

神奇的煤炭

王树民 徐会军 康淑云 等 编著

煤炭工业出版社
·北 京·

图书在版编目（CIP）数据

神奇的煤炭／王树民等编著．-- 北京：煤炭工业出版社，2017（2023.7 重印）

ISBN 978-7-5020-6411-2

Ⅰ.①神… Ⅱ.①王… Ⅲ.①煤炭资源—普及读物
Ⅳ.①TD82-49

中国版本图书馆 CIP 数据核字(2017)第 317035 号

神奇的煤炭

编　　著　王树民　徐会军　康淑云　等
责任编辑　袁　筠　郭玉娟
责任校对　李新荣
封面设计　王　滨

出版发行　煤炭工业出版社（北京市朝阳区芍药居 35 号　100029）
电　　话　010-84657898（总编室）
010-64018321（发行部）　010-84657880（读者服务部）
电子信箱　cciph612@126.com
网　　址　www.cciph.com.cn
印　　刷　北京盛通印刷股份有限公司
经　　销　全国新华书店

开　　本　710mm×1000mm 1/16　**印张**　12 1/4　**字数**　165 千字
版　　次　2018 年 1 月第 1 版　2023 年 7 月第 2 次印刷
社内编号　9291　**定价**　118.00 元

《神奇的煤炭》编委会（按姓氏笔画排序）

主　　任　王树民

副 主 任　刘　峰　刘国林　张继明

委　　员　刘志江　刘志强　杜铭华　李　巍　李安学　杨汉宏　何成江
宋　畅　张传江　陈寅彪　邵俊杰　岳燕京　孟　坚　俞珠峰
舒歌平

科普指导　赵　萌　蔡涤华

《神奇的煤炭》创作组

组　　长　徐会军

副 组 长　康淑云

成　　员　沈亚东　吴海波　刘　永　芦海云　畅志兵　于秋鸽　赵　晖
陈亚飞　梁　兴　孙海林　魏琰荣　李初福　刘鹏亮　赵　瑞
公　磊　王明华　李井峰　熊日华　张曦元　王春雨　邵　程
侯超博　王　玲　赵　奇　夏凤金　王中伟　边　进

指导单位　北京市科学技术协会　中国煤炭学会

组织单位　国家安监总局信息研究院　中国神华能源股份有限公司
中国煤炭学会科普工作委员会

支持单位　煤炭科学研究总院　中国矿业大学（北京）

开篇

告诉你一个真实的煤炭

煤炭是什么？煤炭是乌金，是太阳石。为什么她有这么高的荣誉？这和她聚集了亿万年太阳的精华分不开，和她燃烧自己照亮人类的文明之路分不开。她是几千年来人类找到的储量最为丰富，能安全稳定供给，并且成本较低的化石能源。

煤是怎么形成的？有证据显示，煤炭是远古时期的植物遗体经历了上亿年的种种磨难变成的。我国是世界上最早认识、开采和利用煤炭的国家。但在 18 世纪，英国人用煤炭引燃了人类的第一次工业革命。

16 世纪的英国，原本大量燃用木材来满足取暖、烹饪、炼铁的人们发现了煤炭，并开始对埋藏较浅的煤炭进行简易开采。18 世纪，煤炭在英国得到大范围开采，但如何处理煤矿井下渗水和淹井，让他们很伤脑筋。当时一个叫纽库曼的人为了更好地解决煤矿井下排水问题发明了蒸汽机。随后，詹姆斯·瓦特又对这种蒸汽机进行了改进，大大提高了蒸汽机的效率，使得越来越多的煤被运送出来。而蒸汽机自身，也为新型的运输工具提供了动力之源。于是，火车诞生了。煤炭带领人类走进工业化时代！

到了 19 世纪，人类发明了发电机，美国的爱迪生发明了白炽灯，并发现煤炭是最适合发电的燃料。1882 年，爱迪生设计的世界上第一个燃煤电厂在美国纽约投入运行。从那时起，电灯走进了千家万户。至此，人类须臾不可或缺的电力和煤炭密不可分。煤炭又引领人类走进电气化时代！

人类依赖煤炭的高峰是在 20 世纪初，当时，煤炭在世界能源消费构成中占 90%。此后，石油资源的发现在一定程度上缓解了对煤炭的依赖。然而伴随煤炭的大规模应用，生态环境的破坏和污染问题随之出现，尤其是在英国。当时，由于燃煤造成的浓烟使伦敦成为全欧洲空气质量最差的城市，尤其是在冬季。终于在 1952 年 12 月 5—9 日，发生了举世闻名的“伦敦雾事件”。

事件发生后，英国开始逐渐减少燃煤用量，尽量用石油和天然气替代。到 2014 年，英国一次能源消费虽然仍以化石能源为主，但是由于石油、天然气相对丰富，其消费占比均为 34.4%，煤炭的消费占比已降至 16.6%。而在美国，页岩气革命让石油、天然气供给充足，使得煤炭业受到严重冲击，虽然特朗普总统要重新振兴煤炭业，但目前燃煤发电的占比才 30%。

煤炭在我国的开发利用情况是怎样的？富煤缺油少气是我国的能源禀赋特征，进而导致煤炭长期以来一直是我国的基础能源，更是发电的绝对主体。但同西方一样，煤炭在大量开发利用过程中也对生态环境造成了影响和破坏。

我国煤炭工业起源于 19 世纪 40 年代。1875 年，清政府福州船政局在台湾省基隆建成中国第一座采用机器生产的近代煤矿，日产煤炭 300 吨。1877 年，清政府委派唐廷枢到唐山（现在的河北省唐山市）开办开平煤矿，当年最高日产可达 500～600 吨，这在当时是一个很高的产量。1937—1945 年抗日战争时期，我国绝大部分煤矿被日军占领，并进行掠夺式开采，1942 年全国煤炭产量达到 5928 万吨。新中国成立初期，煤矿工人发扬“特别能战斗、特别能吃苦”精神，在当时安全生产条件还很落后的条件下，开采出国家建设急需的工业食粮——煤炭，为我国实现初步工业化作出了重要贡献。1966 年煤炭产量 2.52 亿吨，1976 年已达 4.84 亿吨，当时煤炭消费量占全国能源消费量的 90%。

改革开放后，我国经济社会持续高速发展，充足的、持续不断的能源供给是其坚强后盾。相对廉价、稳定供应的煤炭，长期担负着主体能源的重任。进入 21 世纪，尤其是 2002—2012 年的 10 年间，我国基础设施建设突飞猛进，需要大量的钢铁和水泥。为此，我国煤炭产量以每年增加 2 亿吨的速度来支撑国民经济持续高速增长。2011 年我国超过日本，成为全球第二大经济体。

2013 年，我国原煤产量 39.74 亿吨，达历史峰值。自 2014 年以来，控产能、调结构成为煤炭工业发展的主旋律，煤炭产量开始逐渐下降。2016 年全国原煤产量降至 34.1 亿吨，但煤炭在能源消费中的占比依然高于 60%。

过多依靠煤炭来取得经济的高速增长，已经对我们赖以生存的环境造成了伤害。煤炭开发造成了一些土地塌陷，部分河流枯竭。冬季多个煤炭资源型城市和煤矿区都出现了不同程度的煤烟型空气污染。自 2012 年下半年频繁出现的雾霾天气，燃煤，尤其是原煤散烧成为重要的成因之一。这些生态破坏和环境污染问题不仅受到一些环保组织的高度关注，也成为政府施政为民的重点。于是，国家开始向污染宣战，并吹起能源革命的号角，大力发展清洁的可再生能源，进行煤改气、煤改电，甚至拿出巨额政府补贴。

随着新能源的开发以及可再生能源的崛起，煤炭消费总量会逐年下降。据国家《能源发展“十三五”规划》，到 2020 年，煤炭在我国能源消费结构中的消费比重要降到 58% 以下；据中国能源研究会 2016 年 3 月发布的《中国能源展望 2030》报告预计，2030 年，煤炭在一次能源消费中的占比会下降到 49% 左右。

然而可再生能源的进展却不尽如人意。2015 年，风能、太阳能、核能等可再生能源，连同水电的贡献率，在能源消费构成中才占 11.9%，而煤炭仍然占 63.7%。据国家《可再生能源发展“十三五”规划》预测，到 2020 年，非水电可再生能源发电量才会达到全部发电量的 9% 以上。这是为什么？因为技术、成本等因素，这些清洁的可再生能源在短时间内还不能承担重任，不会像煤炭这样能长期稳定、价格低廉地大量供应。因此，从国家能源战略和能源安全考虑，目前乃至相当一段时期内，我国经济社会的发展还离不开煤炭。

然而，我们必须正视煤炭开发利用过程中造成的生态破坏和环境污染。党的十九大报告明确指出，要在 2020 年全面建成小康社会的基础上，实现在 21 世纪中叶建成富强民主文明和谐美丽的社会主义现代化强国的目标。这充分表明我国已进入后煤炭时代，清洁的可再生能源会迅速发展。那么煤炭的出路在何方？对煤炭资源进行科学开采和清洁高效利用，才是我国煤炭工业可持续发展的必由之路。

令人欣慰的是，依靠创新驱动和科研人员持续不断的科技攻关，煤炭在科学开采和清洁高效利用领域已取得丰硕成果。

目前，我国在保水开采、充填开采等绿色开采技术，“超低排放”洁净燃煤发电技术，煤制油气、煤制烯烃等煤炭清洁高效转化技术等领域，均居世界领先水平。那些使土地不再塌陷的充填开采工作面，那些基本上可以和燃气电厂一样干净的燃煤电厂（让我们能更可靠的、经济的使用电能），以及可以神奇地将煤炭转化为清洁的油气和白色化学品的现代化工厂，将成为新时期煤炭的新形象，煤炭将进入可持续发展的新时代！然而社会公众对这些先进的技术及其成果却知之甚少，同时对生活中的煤炭也了解不足。这和煤炭行业没有在社会公众层面很好地宣传普及这些科技知识及其现实成果有很大关系。

因此，带着对煤炭这个自然界馈赠给人类这一不可再生的宝贵的化石能源的崇敬，带着人们对煤炭粗放式开发利用造成生态破坏和环境污染的担忧，带着如今能清洁高效利用、绿色开发煤炭的自信，我们精心策划和编写了这本《神奇的煤炭》科普图书。目的是为读者展现一个既为人类作出巨大贡献，又在开发利用过程中对人类赖以生存的生态环境造成破坏和污染的真实的煤炭。

我们将从科技的视角，用科普的语言，让读者了解煤炭这个黑色精灵是如何从远古走进我们生活的方方面面，科技人员又是怎样依靠持续不断的科技创新，治理和修复对生态环境造成的伤害，从而让读者感受到一个可以科学开发、清洁发电、高效转化的全新煤炭。

编　者

2017 年 11 月 2 日于北京

目次

引子

第一篇　历千锤百炼，揭秘煤的前世今生　The origin of coal

第二篇　多彩的生活，黑色的精灵　Coal & our life

第三篇 受伤的生态，科技的魔力 Coal & environment

结语

附件

引子

难舍难弃话煤炭

她从远古走来，她从亿万年前的原始森林走来，在经历了上亿年的磨难后，成为人们争相开发的一片片煤田、一层层乌金。她搭上火车、汽车，越过崇山峻岭，涉过大河险滩，一路向前，去为人们御寒取暖、发电照明、炼焦制钢，即使烧成渣后还要为人们铺路制砖。

她是温暖，她是爱！她是人类光明的使者，她是凝聚了几亿年太阳精华的太阳石！

随着人类社会的发展，她越来越被人们更加大量地开发利用。由此，更多的高楼大厦平地而起，更充足的电力在保障人们现代化的生活。但是，为了开发她，有的土地塌陷了；有的草原变黑了；有的村庄不得不搬迁、羊群不得不迁徙，甚至还有矿工为此搭上了性命。同时，由于对她不清洁的燃用，人们每时每刻要呼吸的空气也被污染了，进而不得不戴上口罩。于是人们在享用她的奉献的同时开始抱怨她……

然而她的丰富易得、成本的相对低廉以及能长期稳定供应的诸多优点，又让人们离不开她。怎么办？对她进行科学开发和清洁高效利用已经成为严峻现实中的必选项。科技创新的力量是巨大的，我们已经在环境治理、清洁利用和高效转化等方面取得突出成绩。

她是谁？她就是让人爱恨交加、难舍难弃的黑色精灵——煤炭！

接下来，我们会带着你去体味她的前世今生，诉说她和人类亲密而不可分割的情感，掀开她神奇转化的面纱，探求她清洁发电的奥秘……

第一篇　历千锤百炼，揭秘煤的前世今生

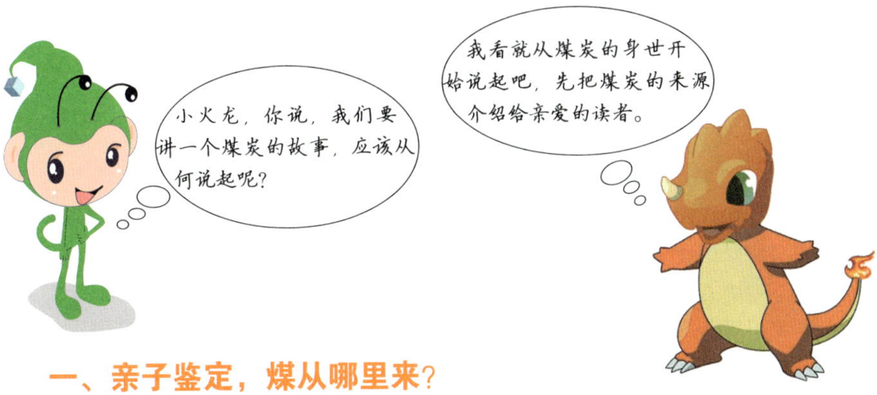

一、亲子鉴定，煤从哪里来？

煤炭是宝贵的不可再生的化石能源，与人们的日常生活息息相关。19 世纪以前，人们并不清楚煤是怎样形成的。有人认为煤是由植物残骸形成的，有人则认为煤是由地下的其他岩石转变而来的，还有人认为煤是地球中本身就存在的，如图 1-1 所示。

随着煤炭的开采和利用，人们在煤层中发现了保存完好的古植物化石，而且，随着科学技术的发展，人们利用显微镜观察到煤中有原始植物的细胞结构和花粉、孢子、树脂等植物残骸（图 1-2、图 1-3）。这说明煤炭是由古代的植物形成的。

图 1-1　煤从哪里来

图 1-2　煤中发现的植物化石

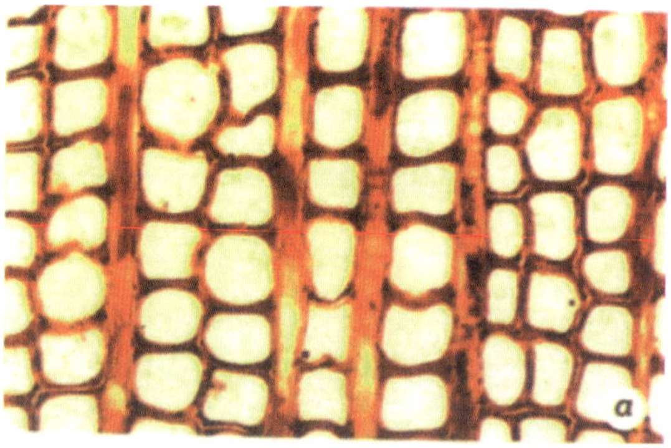

图 1-3　显微镜下煤中植物残骸的细胞结构

知识链接：煤的成因

事实上，目前针对煤的成因仍有争议。在大多数地质学家看来，煤炭是古植物遗体经过漫长地质年代形成的有机矿产，进而提出了有机成煤论。但是，部分学者认为“煤层中有大量植物遗体不能成为有机成煤论的确切证据”，并通过分析指出煤也可能来自无机碳酸盐的转化，因为地壳中高温高压多水的环境就像一个高温高压的化工反应釜，为碳酸盐转化成煤提供了条件，从而提出无机成煤论。但是，有机成煤论仍是煤炭形成的主流观点。

在地球的发展史上，最早出现的植物是低等植物，低等植物是由单细胞或多细胞构成的丝状和叶片状植物体，没有根、茎、叶等器官的分化，主要包括菌类和藻类。随着植物界的发展和演化，逐渐出现了具有根、茎、叶等器官的高等植物，主要包括苔藓植物、蕨类植物、裸子植物和被子植物。与低等植物相比，高等植物通常能长成高大的乔木，具有粗壮的根和茎，是重要的成煤物质。成煤植物类型如图 1-4 所示。

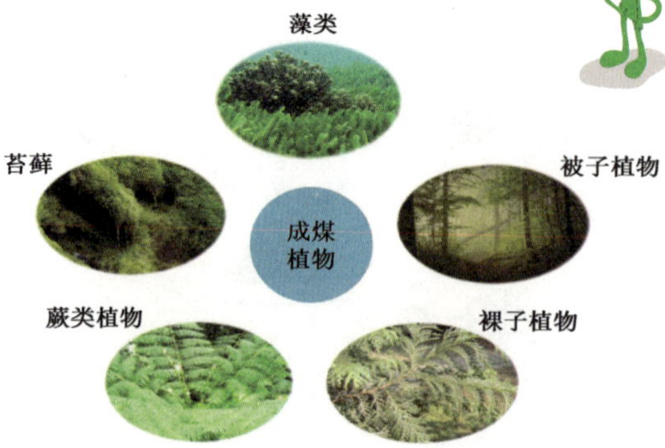

图 1-4　成煤植物类型

低等植物主要由蛋白质和碳水化合物组成，脂肪含量比较高，而高等植物主要由纤维素、半纤维素和木质素组成。低等植物形成的煤叫腐泥煤，高等植物形成的煤叫腐植煤，由两种植物共同形成的煤叫腐植腐泥煤。由于形成煤的植物不同，煤炭在用途和性质上就会存在差异，如图 1-5 所示。

图 1-5　不同类型植物形成不同类型的煤

二、机缘巧合，植物成煤

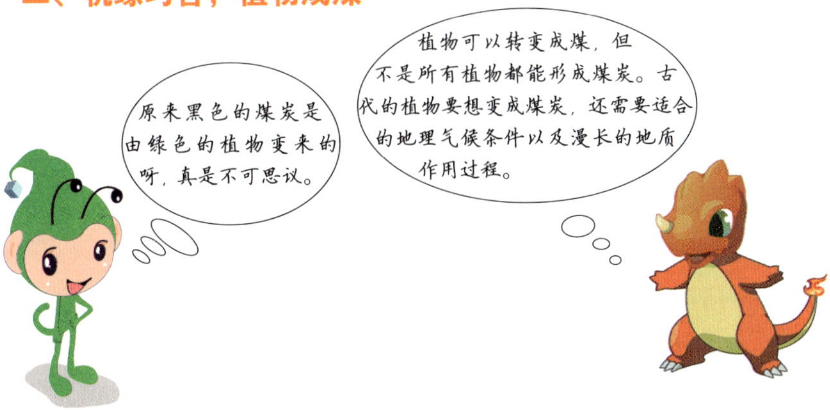

亿万年前的地球上，地表气候温暖潮湿，生长着大片高大密集的高等植物。而且大部分生长在广阔的湖泊、沼泽中或潮湿地带，到一定高度后非常容易倒伏于水中，或者易被水流冲刷进入水中。植物倒伏后，被水淹没，与空气隔绝，不会被迅速氧化分解。在缺氧的环境里，这些植物遗体不会很快腐烂。随着倒伏植物数量的不断增多，最终形成了植物遗体的堆积层。这些堆积层在微生物的作用下不断地被分解，又不断地化合，渐渐形成了腐植酸含量相当高的泥炭层。这就是植物成煤的第一步，即由植物遗体变成泥炭。而由植物遗体变为泥炭的过程就叫作泥炭化过程，期间的种种作用称为泥炭化作用。植物生长并倒伏在沼泽中的景象如图 1-6 所示，世界上最大的泥炭地如图 1-7 所示。

图 1-6　植物生长并倒伏在沼泽中的景象

图 1-7　世界上最大的泥炭地——俄罗斯瓦休甘泥炭沼泽

植物遗体成为泥炭，在两个方面发生了巨大变化：一方面植物的皮、叶、茎、根等组织器官基本消失，细胞结构遭到不同程度的破坏，变成颗粒细小、含水量极大、呈胶泥状的膏状体——泥炭；另一方面组成成分发生了很大变化，如植物中大量存在的纤维素和木质素在泥炭中显著减少，蛋白质基本消失，而植物中原本不存在的腐植酸却大量增加，并成为泥炭最主要的成分之一，其含量通常高于 40%。泥炭可用做锅炉燃料，泥炭中的腐植酸可用做农作物肥料。

地球的地壳是不断运动的，而且有时运动还相当剧烈。泥炭层在地壳运动中不规则地下沉，并被泥沙、岩石等沉积物覆盖。这时，泥炭层不仅受到上面的泥沙、岩石等的压力作用，而且还受到底部地热的作用。于是，泥炭层中的水分被挤出，并且被压紧，使其体积收缩、密度增大，碳含量逐渐增加，氢和氧的含量逐渐减少，腐植酸含量逐渐降低，经过漫长的地质年代后，泥炭就变为褐煤。如果褐煤继续沉降到地壳较深处，顶部岩层压力不断增大，底部地温也不断升高，褐煤的组成结构就会进一步发生较大变化，碳含量进一步提高，氢、氧含量进一步降低，褐煤就逐渐变成烟煤或无烟煤。泥炭这一由褐煤向烟煤、无烟煤转变的过程，称为煤化过程，期间的种种作用称为煤化作用。

植物中有机物、无机物的元素众多，它们的存在不仅直接影响植物体的生存和演化，而且也影响植物遗体转化成煤的特征、影响煤的物理化学性质以及煤的加工利用。构成植物有机质的元素种类主要有碳（C）、氢（H）、氧（O）、氮（N）、硫（S）五种元素。

由植物转化为煤炭要经历复杂而漫长的过程。不仅要具备适宜的地理气候环境，还要经受地壳剧烈运动、高温高压、脱水、脱氧等种种磨难。只有机缘巧合的植物遗体才能变成煤炭。而这个过程可能需要几千年到几亿年。图 1-8 所示为植物遗体堆积形成泥炭并最终成煤示意图。

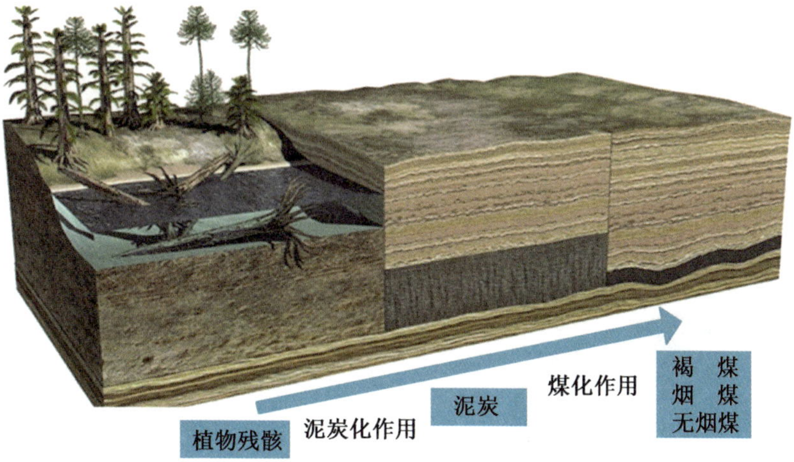

图 1-8　植物遗体堆积形成泥炭并最终成煤示意图

三、丰富了中华文明史的煤炭

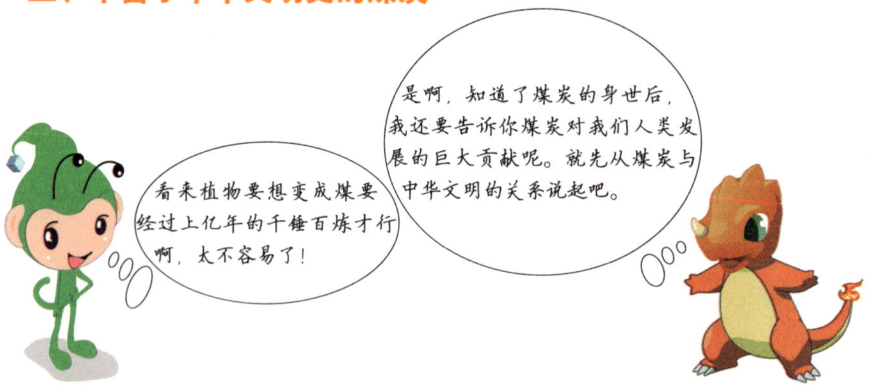

有证据表明，我国是人类历史上最早发现和使用煤炭的国家。

新石器时期

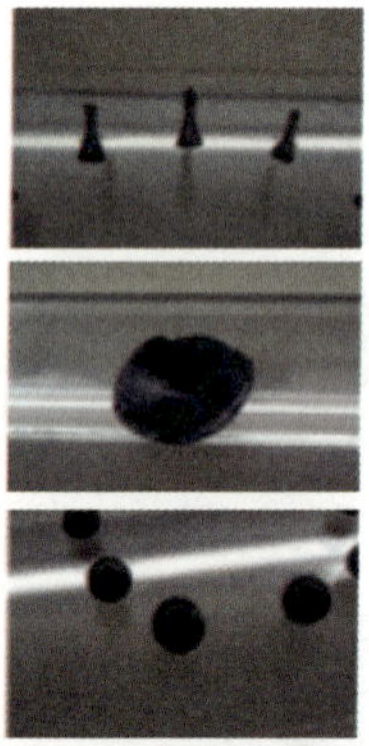

图 1-9 新乐遗址出土的煤精雕刻制品及远古人类生活情景

1973 年，在辽宁省沈阳市北陵附近的新乐遗址下层发现了新石器时期为数不少的煤精雕刻制品。其中有圆珠 15 件、耳珰 6 件、圆泡 25 件，与这些煤制品同时出土的还有碎煤精、煤精半成品和煤块 97 块，如图 1-9 所示。这些煤精饰品经当时辽宁省煤田地质勘探公司科研所鉴定，"呈弱油脂光泽，均一状结构，硬度、韧性均很高"，很容易用火柴点燃，燃烧时发出明亮而带黑烟的火焰，并产生一种烧橡皮的气味。经过分析，其原料就是烛煤。这是世界上用煤最早的确凿证据，也说明我国早在六、七千年前就已发现并开始利用煤炭。

小贴士：煤精制品用途猜测

新乐遗址出土的煤精制品究竟是做什么用的？专家学者们根据对人类远古文化的理解，各自提出了自己的见解，归纳起来大致有三种说法。一为饰品说。有学者说这些煤精制品可能是装饰品。二为玩具说。有学者将这些煤精制品说成是“玩具”，因为从形态上来看，它们很像是游戏用的玩具，是人们在围猎、捕捞之后的一种消遣娱乐用品。三为占卜用具说。有学者从萨满文化角度破解煤精制品的用途，认为这些煤精制品是古人“通天巫术”中的占卜用具。

战国时期

先秦时期的地理著作《山海经》中有三处有关石涅的记载：一处见于该书的《西山经》，“女牀（床的繁体字）之山，其阳多赤铜，其阴多石涅”；另两处见于《中山经》，“岷山之首，曰女几之山，其上多石涅”“又东一百五十里，曰风雨之山，其上多白金，其下多石涅”。据有关专家考证，“女牀之山，女几之山，风雨之山”，分别位于今陕西凤翔、四川双流、什邡和通江、南江、巴中一带。古今对照，以上各地均有煤炭产出，证明《山海经》的记载基本是对的；同时，说明当时这些地方的煤炭已被发现，而且已积累了一些煤田勘探的初步地质知识（图 1-10）。

图 1-10　《山海经》及其记载的石涅产地——女牀之山

西汉至魏晋南北朝

汉代，煤炭已成为冶铁业的燃料，不仅在考古中发现了炼炉、坩埚炼铁的用煤证据，而且在晋代就有了明确的文字记载。公元4世纪晋代释道安著的《释氏西域记》中，就有关于古代冶铁用煤的记载："屈茨北二百里有山，夜则火光，昼日但烟，人取此山石炭，冶此山铁，恒充三十六国用。"魏晋时已有深达八丈的煤井和可容纳一百多人的煤洞。煤炭应用于冶铁行业，是我国对世界煤炭开发利用的一大贡献。当时已可使用专用模具制作煤饼，而且还可以制造出既可发出香味又具有取暖功能的香煤饼（图1-11、图1-12）。

图1-11　古代采煤景象

图1-12　汉代冶铁窑炉景象

隋代至元代

隋、唐至元代，煤炭开发更为普遍，用途更加广泛。冶金、陶瓷等行业均以煤作燃料，煤炭成了市场上的主要商品，地位日益重要，人们对煤的认识也更加深入。特别应该指出的是，唐代开始用煤炼焦，宋代炼焦技术已趋于成熟。1978年秋和1979年冬，山西考古研究所曾在山西省稷山县马村的金代砖墓中发掘出大量焦炭。1957年冬至1958年4月，河北省文化局文物工作队在河北峰峰矿区的砚台镇发掘出3座宋朝、元朝时期的炼焦炉遗址。焦炭的出现和炼焦技术的发明，标志着煤炭的加工利用进入崭新阶段。

图 1–13　使用煤炭烧制的唐代三彩釉陶器（唐三彩）

小贴士：唐三彩简介

唐三彩是我国唐代的艺术精华，距今已有 1000 多年的历史。唐三彩是当时彩色釉陶器的总称，其作品用得最多的色彩是黄、绿、白三种颜色，所以被称之为“唐三彩”。其实唐三彩所用的色彩还有蓝、赭、紫、黑色等。唐三彩的类型主要有人物塑像、动物塑像、生活用具和模型，其中在各种动物塑像中，马和骆驼数量最多，反映了当时发达的交通运输业。烧制唐三彩需要耗费大量的高岭土和煤炭资源，如图 1–13 所示。

● 明清时期

明代宋应星所著《天工开物》中记载，将煤按块的大小分为明煤、碎煤和末煤，指出明煤产于燕、齐、秦、晋国，碎煤产于吴、楚国，并按煤的性质和用途将碎煤进行分类：“炎（火焰）高者曰饭碳，用于炊烹；炎平者曰煤炭，用于冶煅。”明代李时珍在《本草纲目》中则记述了煤的药用性能，指出部分煤炭中含有大量腐植酸，而腐植酸能起到止血消炎、活血化瘀的作用。

清朝时期洋务运动兴起，共创办近代煤矿 16 家，其中以李鸿章等倡导，并委派唐廷枢到唐山建设的开平煤矿（图 1-14）最为成功。1885 年，开平煤矿的煤炭产量达到 24 万吨，到 1898 年已高达 80 万吨，处于全国领先地位。开平煤矿是现在河北省大型煤炭企业——开滦集团的前身。

图 1-14　在李鸿章倡导下，清朝创办的开平煤矿

四、煤炭与工业革命

除了古中国对煤炭的开发利用外，罗马人在公元 400 年前也在英格兰开始开采煤矿。但是，人类真正大规模开发利用煤炭则是从蒸汽机的发明开始。

煤炭引燃工业革命

第一次工业革命之前的英国，是一个以纺织业和手工业为主的欧洲小国。但自从英国开始大规模使用煤炭，带动了钢铁、机器制造等系列产业的迅速发展，英国迅速从一个弱小的国家变成了当时称霸世界的“日不落帝国”。

英国是个海洋国家，制造商船和海军军舰需要大量的铁，而在使用煤炭之前，主要靠木材来冶铁。但英国的森林资源并不丰富，这就导致木材紧缺及价格上涨，从而引发了木材危机。16世纪中期以后，英国随着人口的增长、工业的发展以及国家的需要，木材的需求急速增加，集生活燃料、工业燃料和建材于一身的木材成为稀有的短缺物资。为了解决这种危机，英国政府和民众积极寻找木材的替代品。这时煤炭已被广泛发现，煤炭自然成为最好的选择。

16世纪后半叶，煤炭在英国得到广泛应用。到17世纪初，煤炭成为英国制造业的灵魂，英国的铸铜工人、染布工人、制砖者、啤酒制造者、金属加工者、煮盐者以及面包师等都以煤取代木材作为燃料。18世纪，随着煤炭在英国的大范围开采，出现了众多煤矿。而煤矿井下渗水和淹井问题是其中一个比较迫切需要解决的技术难题。当时一个叫纽库曼的人为了更好地解决煤矿井下排水问题发明了蒸汽机。随后，詹姆斯·瓦特又对这种蒸汽机进行了改进，大大提高了蒸汽机的效率，如图1-15所示。有了高效的蒸汽机，越来越多的煤从井下运送出来，保障了英国旺盛的钢铁需求，反过来又进一步降低了蒸汽机的制造成本。有了更多蒸汽机的推动，又大大推动了英国钢铁业及其相关制造业的巨大发展，从而把人类带入了“钢铁时代”！

1830年，英国煤产量占世界煤产量的80%；到了1848年，英国的铁产量比世界其他国家铁产量的总和还多。蒸汽机的使用使生产效率比农耕时代提高了好几个数量级，工业替代了手工业成为英国的支柱产业，大量劳动力涌入城市。1860年前后，伦敦人口超过了300万，成为当时世界上最大的城市，而英国也成为当时世界的生产中心、制造中心。所以我们说，是煤炭引燃了人类历史上最重要的工业革命！

图 1–15　瓦特和他改进的蒸汽机

小贴士：蒸汽机的发明及其早期应用

1712 年，英国人托马斯·纽库曼制造了第一台蒸汽机，用于煤矿井下排水。1765 年，瓦特对纽库曼的蒸汽机进行了全面改进，大大提高了蒸汽机的效率。1807 年，美国人富尔敦把瓦特的蒸汽机装在船上，用蒸汽机推动船两侧的明轮，称为“轮船”，并在纽约哈得逊河试航成功，如图 1–16 所示。从此，水路运输的帆船时代结束了。1814 年，英国人史蒂芬森把瓦特的蒸汽机装在火车上，如图 1–17 所示。并开通了从煤产地达灵顿到河岸城镇斯托克顿长达 42 千米的铁路，铁路开通那天，数千人前来观看，火车在铁制轨道上奔跑，雷鸣般的汽笛声开启了陆路运输的新时代。同时，装有蒸汽动力的轮船还可以让英国的煤运往世界各地，从而使得英国成为那个时代世界级的商业大国。当时英国强大的海军也主要是为了保护煤炭的海上运输。

图 1-16　富尔敦发明的蒸汽轮船

图 1-17　史蒂芬森发明的蒸汽火车

● 煤驱动了美国的崛起

煤炭资源是美国的巨大财富之一。不过早期的美国工业大多集中在东部的沿海地区，而产煤区却在 200 千米以西的地带，所以，尽管美国煤炭储量丰富，但当时的用煤成本非常高，商人们开始想办法解决煤炭的运输问题。

他们首先开凿了伊利运河，通过水路运煤大大降低了煤的生产成本，使运煤周期从 6 天缩短到 1 天。不过随着煤炭需求量的增长，运河的运力显得不足了，尤其是到了煤炭需求量大的冬天，河水结冰造成通行困难，运煤成本再次增大。直到后来，火车传入美国以后，才激活了美国铁路运输业的发展。运河和铁路的出现为美国经济的迅速崛起打下了坚实的基础，这是煤驱动美国崛起的第一个因素。

煤驱动美国崛起的第二个因素，是煤矿工人运动迫使美国出台了新型劳工政策。南北战争以后，煤炭业几乎控制了整个美国的经济命脉。1902 年，矿工联合会组织了一次声势浩大的罢工运动，迫使美国总统出面调停，这次大罢工以工人的胜利告终。后来，煤炭在美国经济和政治中所占的比重进一步提高，使得美国政府在制定劳工政策和处理劳资问题上变得更具开放性和包容性，并且这些新兴政策成为美国解决其他工业领域劳工问题的样板，为日后美国崛起提供了政策性保障。

小贴士：美国伊利运河简介

伊利运河（图 1-18）全长 584 千米，宽 12 米、深 1.2 米，整条运河总共有 83 个水闸，最高可以行驶排水量为 75 吨的平底驳船。伊利运河是第一条连接美国东海岸与西部内陆的快速运输工具。伊利运河不只加快了运输速度，也将沿岸地区与内陆地区的运输成本减少了 95%。快捷的运河交通使得西部地区更便于到达，因此也造成了中西部人口的快速增长。

图 1-18　美国伊利运河沿途风光

五、煤炭大家谱

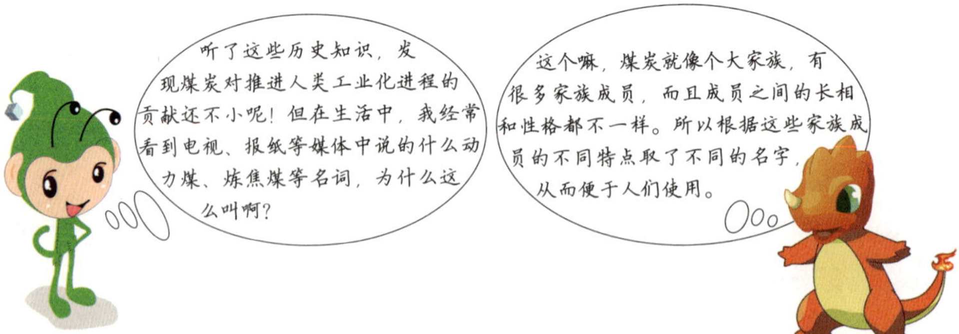

煤炭家族成员

煤炭被广泛应用于我们的生活和工业生产中。其中工业用煤占比最高。各种工业用煤对煤的质量都有特定要求，为了合理方便地利用煤炭和指导生产，需要将煤炭进行分类。根据什么分类呢？我国主要是根据煤化程度的高低来划分，总体分为褐煤、烟煤和无烟煤三大类。其中褐煤的煤化程度最低，无烟煤的煤化程度最高，烟煤的煤化程度居中。此外，褐煤又可细分为 2 个小类，烟煤可细分为 12 个小类，无烟煤可细分为 3 个小类，如图 1-19 所示。

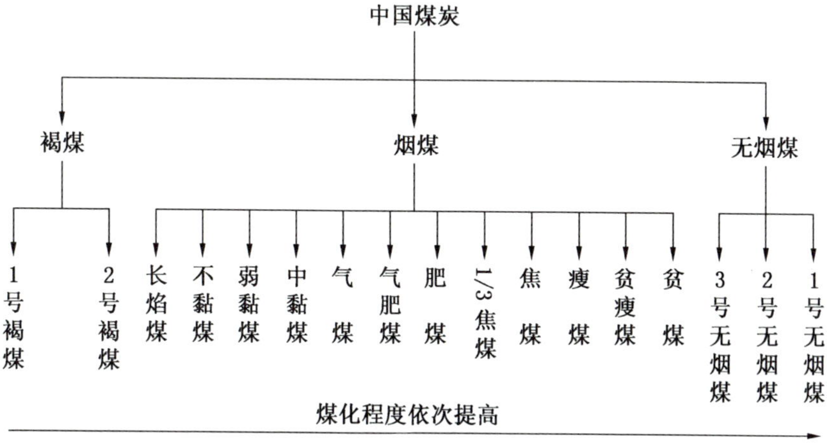

图 1-19　煤炭大家族的各成员

知识链接：煤炭分类的依据和煤的发热量

对煤炭进行分类主要采用 2 个指标：一是表示煤化程度的挥发分，二是表示煤的工艺性能的黏结性指标，包括黏结指数、胶质层最大厚度 Y 值等指标。此外，煤的透光率、发热量和氢含量也用于煤炭分类。

煤的发热量是指单位重量的煤在完全燃烧时产生的热量，也称热值，它是评价煤炭质量，尤其是评价动力用煤的重要指标。国际市场上动力用煤以热值计价，我国自 1985 年 6 月起，也变以灰分计价为以热值计价。为便于比较耗煤量，在工业生产中，通常将实际消耗的煤量折合成发热量为 29308 千焦 / 千克（7000 大卡 / 千克）的标准煤进行计量。

动力煤和炼焦煤是什么意思？

人类对煤的最初使用，一是取暖做饭，即燃烧，二是冶炼（即干馏出焦炭用来还原铁矿石中的铁）。随着科学技术的进步，煤的用途被不断拓展，人们可以通过各种先进的工艺技术，将煤作为原料转变为化肥、清洁的油气，以及甲醇等煤基化学品。即便如此，燃烧和炼焦仍是煤炭的两大主要用途，这两种用途的煤分别称为动力煤和炼焦煤。

动力煤

凡是以发电、机车推进、锅炉燃烧等为目的，利用煤炭的热量产生动力的煤炭都属于动力煤(图1-20)。动力用煤就类别来说，主要有褐煤、长焰煤、不黏煤、弱黏煤、无烟煤以及少量不黏气煤、贫煤等。我国动力煤的煤种组成及其地域分布如图1-21所示。

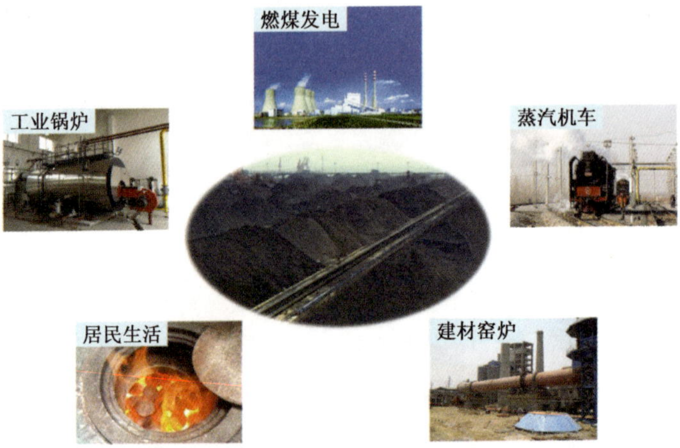

图1-20 我国动力煤的主要用途

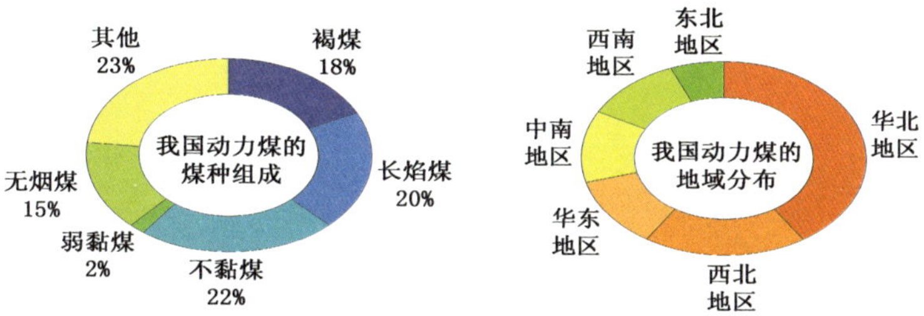

图 1-21　我国动力煤的煤种组成及其地域分布

● **炼焦煤**

用于冶炼（或冶金）的煤一般称为炼焦煤。炼焦煤必须具有良好的结焦性，通常用具有黏结性的气煤、肥煤、焦煤和瘦煤（或其中的二三种）按比例配成炼焦原料，以炼制焦炭，如图 1-22 所示。焦炭是炼铁的还原剂。除黏结性外，炼焦煤要求低灰、低硫和低磷，以保证获得高强度、低杂质的优质焦炭。

我国炼焦煤储量较少，属于稀缺煤种，在我国受到保护性开采。山西太原，河北邢台、邯郸，安徽淮北，山东肥城，河南平顶山，贵州六盘水和黑龙江七台河等地的炼焦煤资源占全国炼焦煤产量的 75% 以上，如图 1-23 所示。

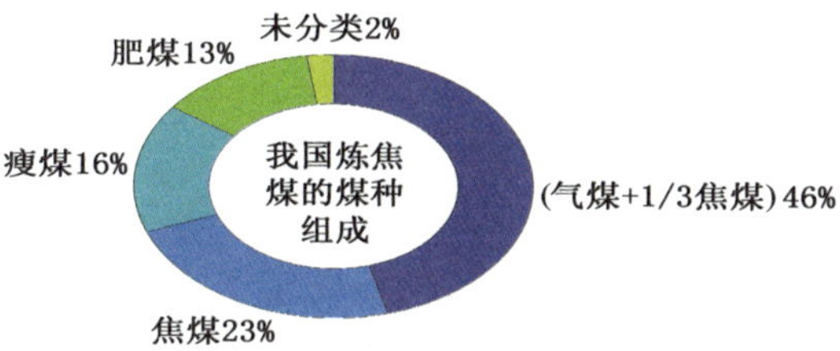

图 1-22　我国炼焦煤的煤种组成

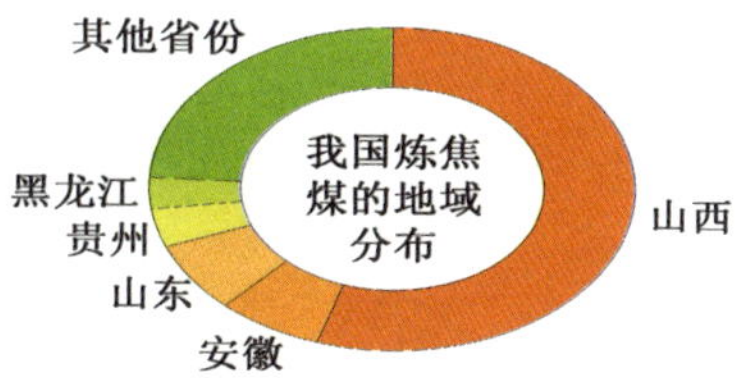

图 1-23　我国炼焦煤的地域分布

知识链接：煤的黏结性和结焦性

煤的黏结性是指烟煤在干馏时产生的胶质体黏结自身和惰性物料的能力；煤的结焦性是指烟煤黏结成块并最终形成具有一定块度和强度的焦炭的能力。煤的黏结性是结焦性的必要条件，是评价烟煤能否用于炼焦的主要依据，表征黏结性的指标主要有黏结指数、胶质层最大厚度和奥阿膨胀度。肥煤和气肥煤的黏结性最好，焦煤的结焦性最好。

六、我国煤炭地域大 PK

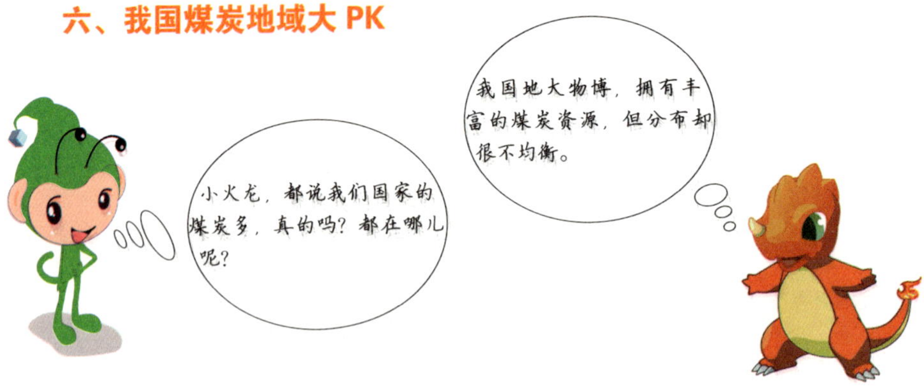

我国煤炭资源总量丰富。根据预测，全国煤炭资源总量 59000 亿吨，仅次于美国和俄罗斯，位居世界第三位，且煤炭种类齐全，从褐煤到无烟煤均有分布。其中，褐煤和低变质烟煤数量较大，占全国煤炭总量的 64%，中变质炼焦烟煤所占比重较低，而高变质贫煤和无烟煤仅占保有资源量的 13%，如图 1-24 所示。

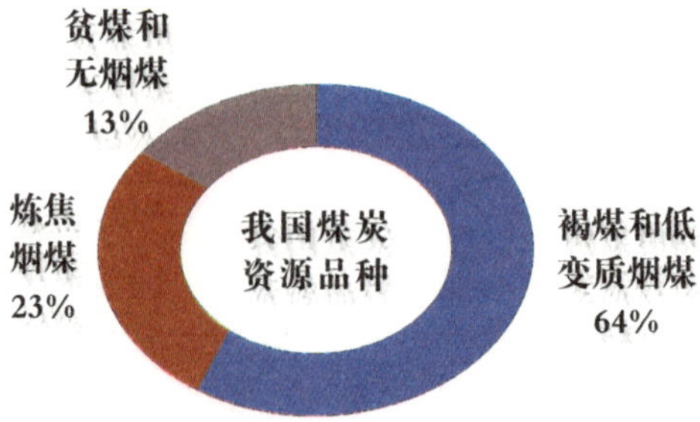

图 1-24 我国煤炭资源品种情况

截至 2010 年底，全国 13400 亿吨煤炭保有查明资源储量中，昆仑山—秦岭—大别山以北的煤炭储量占全国的 92%，且集中分布在内蒙古、山西、陕西、宁夏、新疆等省区，五省区煤炭储量约占北方地区的 87%；昆仑山—秦岭—大别山以南的煤炭储量仅占 8%，且主要分布在贵州和云南两省，云贵两省占南方地区的 78%。华东、中南广大区域是主要煤炭消费地区，但资源匮乏，煤炭保有查明资源储量仅占全国的 7%。

经济最发达的东部十省市煤炭保有查明资源储量仅占全国的 4.3%。煤炭资源分布不均衡的固有特征决定了我国“北煤南运、西煤东调”的格局将长期持续，如图 1-25 所示。

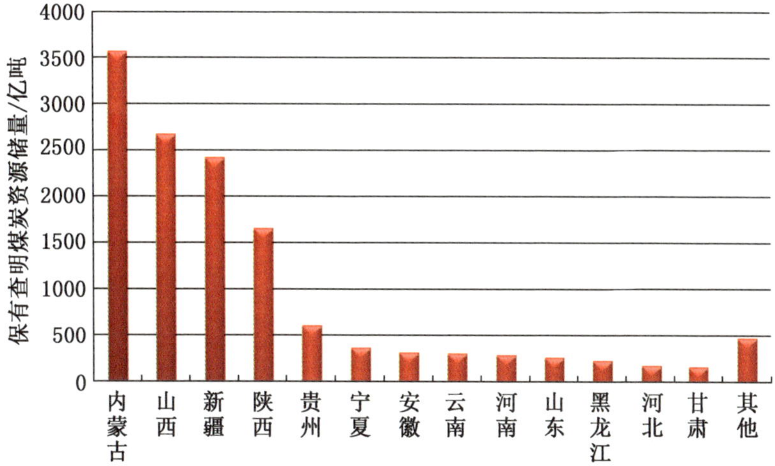

图 1-25 我国各省（区）保有查明煤炭资源储量

● 十几个亿吨级煤炭基地

2016 年底，国家发布《全国矿产资源规划（2016—2020）》，提出要重点建设神东、晋北、晋中、晋西等 14 个亿吨级煤炭基地（详细情况见附件 3），并划定了 162 个国家规划煤炭矿区。具体煤炭基地和对接的供煤地区情况见表 1-1。

● 能源“金三角”

在我国西部地区，不仅有丰富的煤炭资源，还富集了石油、天然气资源。而最为知名的就是蒙陕甘宁地区，被誉为能源“金三角”。其核心区包括内蒙古鄂尔多斯市、陕西榆林市、甘肃陇东地区（平凉市、庆阳市）、宁夏宁东能源化工基地（银川市、吴忠市）。该地区煤炭、石油、

表 1-1 煤炭基地与煤炭供给情况

煤炭基地名称	供煤地区
蒙东（东北）基地	向东北三省和内蒙古东部地区供给
神东、晋北、晋中、晋东、陕北 5 个基地	向华东、华北、东北供给，并作为“西电东送”北通道电煤基地
冀中、河南、鲁西、两淮 4 个基地	向京津冀、中南、华东供给
云贵基地	向西南、中南地区供给，并作为“西电东送”南通道电煤基地
黄陇、宁东基地	向西北、华东、中南地区供给
新疆基地	除满足本区能源供给和就地转化外，主要是疆煤外运和疆电外送

天然气资源总量约 10000 亿吨标准煤，占全国的 24%，是罕见的能源资源富集区，其中鄂尔多斯、榆林、宁东之地的煤炭产量及占全国煤炭总产量相关情况如图 1-26 所示。2013 年，该地区煤炭产量高达 10 亿吨，占全国原煤总产量的 28.3%；原油产量 1230 万吨，占全国原油总产量的 5.9%；天然气产量 420 亿米^3，占全国天然气总产量的 35.9%。

“金三角”区域的面积仅占全国的 1.4%，但能源生产总量已超过全国的1/4。并且，区内80%以上的煤炭、40%以上的电力输送到了能源紧缺的京、津、冀和东部沿海省区，有力地支持了国家经济的发展，在我国能源安全与发展格局中的作用举足轻重（表1-2）。

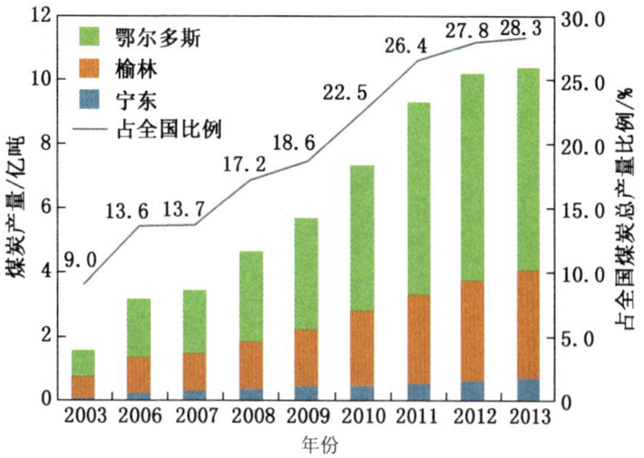

图1-26　“金三角”地区煤炭产量和占全国煤炭产量比重

表1-2　能源“金三角”地区基本情况

行政区域	相对位置	包括县市（区）	面积/平方千米	常住人口/万人
宁东	宁夏中东部	灵武市、盐池县、同心县、红寺堡开发区	3484	15.0
鄂尔多斯市	内蒙古自治区西南部	东胜区、达拉特旗、准格尔旗、鄂托克前旗、鄂托克旗、杭锦旗、乌审旗、伊金霍洛旗	86752	201.8
榆林市	陕西省北部	榆阳区、神木县、府谷县、定边县、靖边县、横山县、绥德县、米脂县、佳县、吴堡县、清涧县、子洲县	42920	337.0
合计			133156	553.8

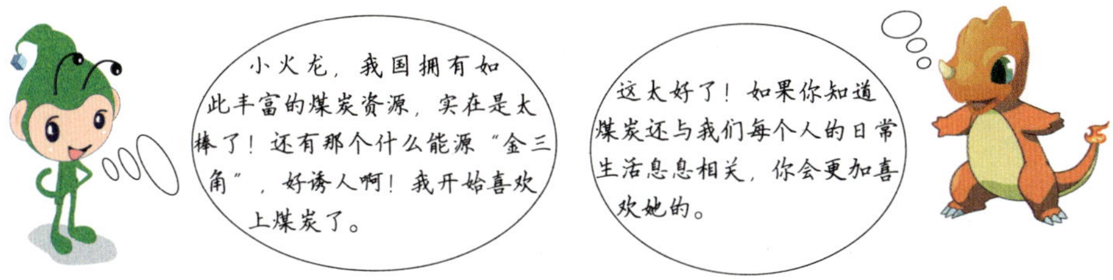

第二篇　多彩的生活，黑色的精灵

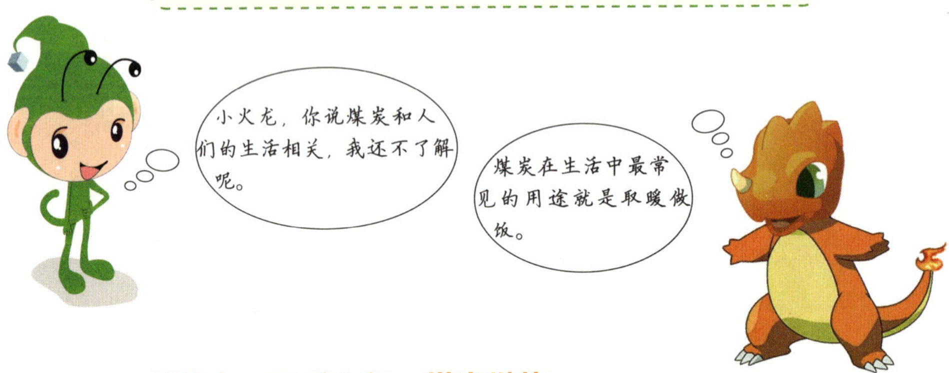

一、燃烧自己温暖人间：煤炭燃烧

● 替代薪柴，取暖做饭

众所周知，煤炭是一种化石燃料，人们可以通过燃烧煤炭获得热量，用于燃烧的煤炭占其总量的 80% 以上。我国是世界上最早利用煤炭的国家，很早以前，人们就发现这种黑石头可以燃烧，能放出热量，可以取暖做饭，并将煤炭利用在金属冶炼、陶瓷烧制中。

在古代，由于煤炭开采技术的局限性，煤炭稀少且较为昂贵，广大农村的燃料主体并不是煤炭，特别是在那些植被丰富的地方，人们更愿意使用木柴、干草、木炭等来取暖做饭。唐朝以后，朝廷对煤炭开采的关注增强，煤炭开采技术日臻完善，煤炭也可以“飞入寻常百姓家”了。到了宋朝，城镇扩大、人口激增，同时煤炭开采技术有所发展，有史料记载“汴梁（开封）数百万家，尽仰石炭，无一家燃薪者”，可见人们对煤炭愈加依赖。

到了明清以后，煤炭逐渐成为最主要的能源。我国北方地区处于北半球的高纬度地区，冬季较为漫长、气温低，为了平安、温暖地过冬，人们发明了各式取暖工具，如火炉、火炕、火墙等。清朝时故宫中还设置了“地龙”，将火炕建在整个宫殿的地下，使得宫殿冬季不再寒冷，这样，王公贵族们在寒冷的冬天也可以温暖如春。故宫的“地龙”（图2-1）大概就是我国“集中供暖”的前身。

同样的，在西方国家也出现了很多取暖装置，最有名的就是壁炉，最初人们主要使用木柴、木炭作为壁炉的燃料。工业革命后，煤炭大量开采，到了19世纪，煤炭渐渐走进千家万户，尤其是英国人，十分喜爱燃煤壁炉。各式取暖工具如图2-2所示。

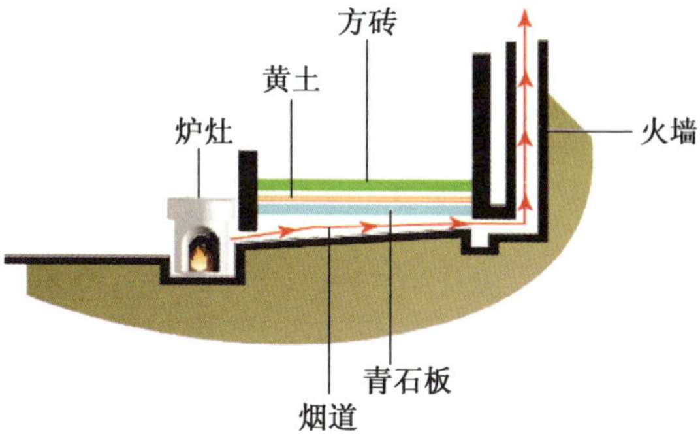

图2-1　故宫“地龙”原理

火炉

手炉

壁炉

图2-2　各式取暖工具

人火分离的“暖气”

到了19世纪末，欧洲出现了暖气片的雏形，可以实现室外生火室内供热，达到“人火分离”。后来苏联建立了燃煤集中供热站，可以同时满足多个街区乃至一个城市的供暖，并逐渐取代了室内生火取暖的形式。

现在我国居民的采暖，已从远古的篝火取暖发展到现在普遍的锅炉采暖。随着时代的发展，新的更加舒适的采暖方式将不断推出。但其间发展的历程也是比较漫长的。

“蜂窝煤”供暖时代。20 世纪 50—60 年代，我国北方地区城市的人们在冬季取暖，一般都要买附近煤厂生产的蜂窝煤或煤球，在室内烧炉子取暖。为了满足人们的用煤需求，国家当时提出“500 米一个煤店”，小煤厂要负责周边 1700 ~ 1800 人的用煤，大煤厂则要负责周围 5000 ~ 6000 人的用煤。

20 世纪 50 年代末期，我国开始借鉴苏联的经验建设集中供暖，并在北京建设第一座燃煤热电厂。1959 年沿长安街建成了“长安线”供热重点工程。1968 年东北地区的沈阳市也开始发展集中供热。

锅炉集中供暖时代。 20 世纪 80 年代，我国开始大力发展城市集中供暖。在这个时代，城市已经消灭了一座座黑乎乎的煤堆，城市居民家中已经没了呛人的浓烟，一氧化碳中毒也不再是冬季普遍发生的事件。和传统的蜂窝煤取暖相比，集中供暖几乎不需要居民做任何事情，源源不断的温暖就能送到居民家中的每一个房间。

据统计，1980 年我国北方只有 10 个城市建设了集中供热设施，到 1989 年已有 81 个城市发展了集中供热，供热面积达到 1.56 亿米^2。据相关资料显示，1989 年“三北”地区八大城市中，锅炉供暖占 82%，热力供暖（热源也是燃煤锅炉，只是不止一台锅炉，常常有多台锅炉，并且较锅炉供暖技术更为先进）占 15%，其他占 3%。

后来，随着油和天然气的应用，城市居民冬季采暖用的燃料更加丰富了。但煤炭相对燃料油和天然气来说，价格低廉，较为容易获得，并且供应、保障能力较强，因此用燃煤工业锅炉采暖供热曾是冬季北方居民最主要的供暖方式。以居民供热为例，截至 2013 年初，全国供热总面积已达到约 51.87 亿米^2，其中燃煤工业锅炉供热面积约为 31 亿米^2。

居住在城镇中的人们可以享受集中供暖带来的便利，但是在我国农村和偏远山区，集中供热还很难普及。他们有的是因为经济上有困难，有的是居住太分散，仍然采用一家一户烧散煤的形式进行冬季取暖。除了使用商品化炉具外，由于生活习俗、经济条件等影响，仍有 34% 的居民采用炕连灶、土暖气、烤火盆等自制设施，并且有相当数量的采暖用煤以劣质烟煤为主，燃烧方式相当粗放，没有烟气处理环节。这些“土采暖”的热效率低，造成的大气污染问题也不容小觑，同时还存在一氧化碳中毒风险。

知识链接：“暖气”是如何产生的呢？

暖气的产生主要归功于两个循环，一个循环是“热源厂——换热站”：热源厂的锅炉将燃料（煤、天然气、重油、生物质燃料等）燃烧产生的热传递给水，产生高温热媒介（蒸汽 / 高温热水），高温热媒介经过管网输送至各换热站。另一个循环是“换热站——热终端”：在换热站被加热的热水，经管线输送至用户家中的散热器等热用户终端，在热终端释放热后，降温的热水返回至换热站继续被加热。

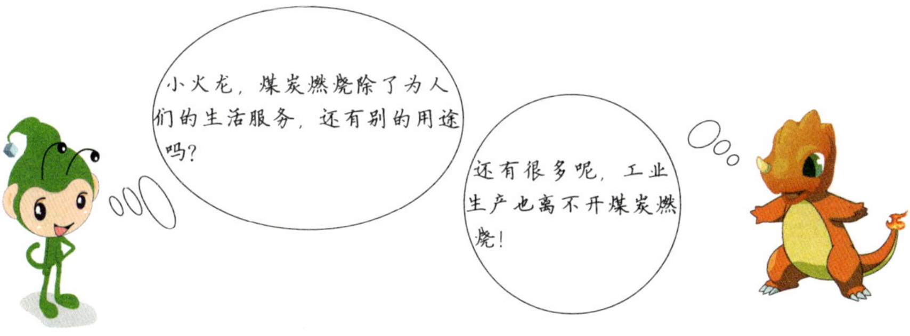

● 供热供气的工业燃料

煤炭燃烧在工业生产中的应用，主要是通过燃煤工业锅炉（窑炉）为工业生产供热供气。燃煤工业锅炉和为人们冬季取暖的供热锅炉不同，它们夏季也在工作。几乎每个工厂或工业园区都会有大大小小的工业锅炉，依靠这些锅炉为生产供热供气。据不完全统计，我国 60% 以上的工业锅炉都是燃煤的。尽管近年来，国内一些城市和地区采用天然气等对燃煤工业锅炉进行了部分替代，但是燃煤工业锅炉的数量和燃煤量仍然巨大，再加上我国以煤为主、油气资源相对匮乏的能源结构特点，燃煤工业锅炉在较长一段时间内仍然存在。

除了这些大型的工业园区，我国还有众多的平板玻璃加工厂、水泥厂和陶瓷生产厂等建材企业；并且据不完全统计，这些工厂 60% 以上的供热都是燃煤工业锅炉提供的。这些建材行业用煤在我国煤炭消费总量中也占有不小的比例。2016 年建材行业依然是煤炭第三大消费行业，全年建材耗煤 5.22 亿吨，占煤炭总消费量的 13%。工业锅炉和窑炉的负荷一般较小，但数量巨大，并且燃煤量也很可观。

另外，一些农作物大棚、养殖、烤烟、制茶等产业也都是燃煤供热的。而且，还有一些商业及公共机构也采用自采暖燃煤。

二、光明的使者：燃煤发电

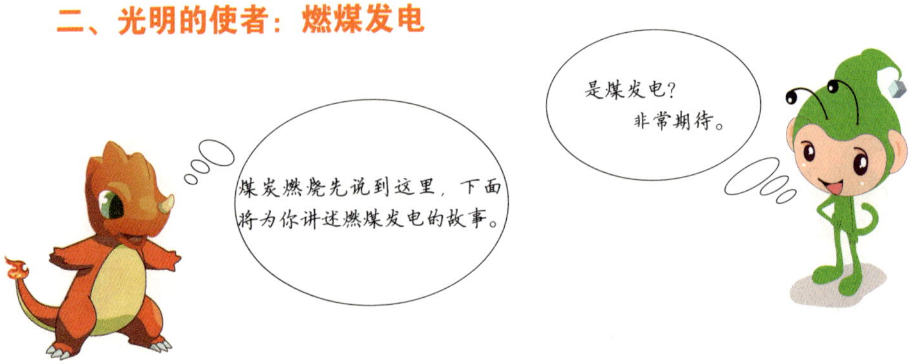

● 开启幸福生活的万能电

●如果没有电，人类社会将会怎样?

1. 美国2003年大停电事故

2003年8月14日，由于纽约一家发电厂遭雷击起火导致美国东北部和加拿大部分地区发生大面积停电。

这次历史上最大规模的停电，波及了美国很多城市和加拿大安大略省的部分城市。停电影响了地铁、电梯以及机场的正常运营，在一些地方造成了交通拥堵，给成千上万市民的工作和生活造成了极大不便。

我国新华社记者当时在纽约街头看到，城市交通已基本瘫痪。由于停电使收款机无法使用，绝大部分商店关门停业。记者在街边接连询问了几家仍在营业的小商店，被告知电池、蜡烛等应急物品都已脱销。新泽西州北部、佛蒙特州的部分地方和康涅狄格州也发生了停电事故。停电事故发生后，美国关闭了俄亥俄州和纽约州等4个州的7座核电站，医院、监狱等机构纷纷启用备用电源应急。

事后美国第一能源公司和美国电力公司就停电事件接受了美国众议院能源委员会的调查。停电涉及美国整个东部电网，事故中至少有21座电厂停运，停电持续时间为29小时，损失负荷6.18×10^{8}千瓦。约5000万人受到影响，地域约24000千米^2，其中纽约州80%供电中断。这次大停电事故的直接经济损失达数百亿美元。由于当时距“9·11”事件时隔不足两年，停电地区群众一度认为停电是恐怖分子所为，造成轻度恐慌。有纽约市民称“感觉这次大停电比‘9·11’似乎还要可怕”。

2. 印度2012年大面积停电

印度北部和东部地区在2012年7月30日和31日连续发生2次大面积停电事故。突如其来的断电导致交通陷入混乱，全国超过300列火车停运，首都新德里的地铁也全部停运，旅客大量滞留，公路交通出现大面积拥堵（图 2-3）；一些矿工被困井下；银行系统陷入瘫痪，一度给印度的金融交易带来障碍。第一次事故发生后，印度电力部门排除故障，在停电后 15 个小时内基本恢复了电力供应。但旁遮普邦、哈里亚纳邦以及北方邦等几个地区在供电恢复后继续超负荷用电，导致第二次大面积停电。印度电力部门因此不得不从邻国输入电力来满足新德里的用电需求。

图 2-3　印度 2012 年大停电导致交通瘫痪

上面两个典型案例说明，大面积停电、严重缺电会迅速波及整个城市网络，大城市可以顷刻间陷入瘫痪，其损失、后果和造成的影响都是难以估量的。所以电力安全越来越关乎国家安全。因为事关社会稳定，事关经济发展，事关百姓生活。

假如没有电，将再也没有熟悉的电灯照亮我们的生活。到了晚上，周围的一切将是一片黑暗。

假如没有电，电视将不复存在，没有了熟悉的电影，也没有连续剧，更没有荧幕“真人秀”，明星偶像只能在白天的话剧或喜剧舞台上出现。

假如没有电，就没有使用电脑的机会，就不能网上冲浪、网上聊天，足不出户而遍知天下事将成为痴人说梦。

假如没有电，所有的通信将中断。手机将变成废物，电话成为摆设，而飞鸽传书将成为可能。人类声音的传递速度会由现在的每秒 30×10^4 千米倒退到每秒 340 米。没有短信，没有微信，通信基本靠大声吼。

假如没有电，绝大部分交通工具都无法使用。燃油开采不出来，传统汽车和电动汽车等现代化交通工具不能正常运行，短时间内机械化交通将彻底瘫痪。自行车将成为主要的出行工具。

假如没有电，整个食品产业链上的源头——食品加工厂将无法开启，食物的供给将小于现实需求的千万分之一。由于没有冷藏能力，食物没法长期保存，食品的储存量和品种也将急剧减少。到时候人类的吃饭问题将成为大问题！

假如没有电，金融也将不复存在。所有股票债券期货交易停摆。我们手上的银行卡存折也将成为废物，不拿现金就会饿死。

假如没有电，整个工业系统、商业将全部瘫痪，人类社会将后退几十年，甚至上百年。

因此，电是人类文明和社会进步的象征，与我们的生活息息相关（图2-4），对现代生活的影响十分巨大。生活因电才如此绚丽多彩……

图 2-4　无处不在的电

●电的发现

那么你对电有多少了解呢？

电是人类最伟大的10项发现之一，电是带电粒子定向运动的结果，是能量的一种表现形式。电的产生方式有多种（图2-5），包括摩擦起电、感应起电（静电感应）、化学反应生电（化学电池）、磁生电（发电机）、生物电（电鱼）、自然电（闪电）等。目前人类用的电主要是依靠能源转化，将其他形式的能源转换为动能，然后利用磁生电原理，即闭合线圈在磁场中运动，根据电磁感应产生移动电子，从而形成电流产生电。

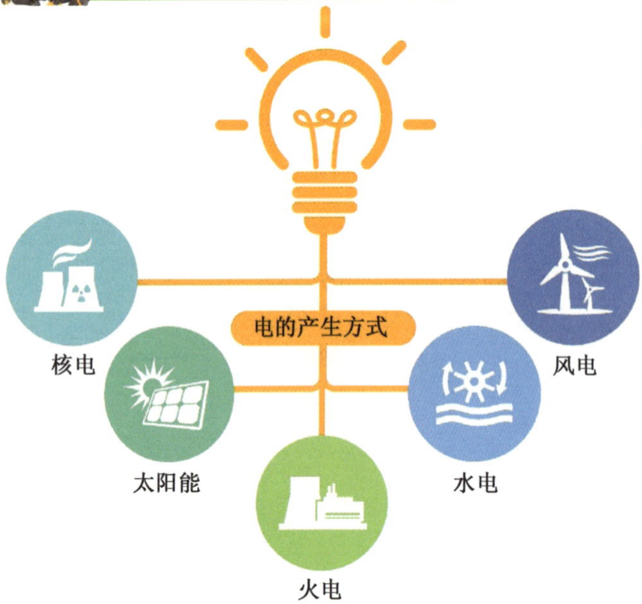

图 2-5　多样的发电方式

人们是怎么发现电的呢？“电”一词在西方是从希腊文“琥珀”一词转意而来的，我国的先人则是从雷闪现象认识电的。有关电的记载可追溯到公元前 6 世纪。早在公元前 585 年，希腊哲学家泰勒斯已记载了用木块摩擦过的琥珀能够吸引碎草等轻小物体，后来又有人发现摩擦过的煤玉也具有吸引轻小物体的能力。

图 2-6　富兰克林雷击实验

18 世纪，美国的富兰克林做了许多有意义的工作，使得人们对电的认识更加丰富。1749 年，他就注意到雷闪与放电有许多相同之处，1752 年他通过在雷雨天气将风筝放入云层来进行雷击实验（图 2-6），证明了雷闪就是放电现象。富兰克林还建议用避雷针来防护建筑物免遭雷击，并首先由狄维斯实现了，这大概是电的第一个实际应用。

杰出的英国物理学家法拉第做了大量电磁现象的实验研究。1819 年丹麦哥本哈根大学的厄斯德教授，偶然发现了电流对指南针的影响，说明电流和磁石是可以联系的。1820 年戴维教授又证明钢和铁被通过电流的铁丝环绕时就成为磁铁。这些都引起了法拉第的高度兴趣，并开始不断进行实验研究。1831 年 10 月法拉第用一根磁铁棒和一个缠绕铜线的圆筒来进行电流实验（图 2-7），发现磁铁棒完全插入那个圆筒时电流计的指针突然动了起来，这就是世界上第一次电磁感应的电流！这是金属做切割磁力线运动产生的感应电流。随后法拉第发明了电磁感应定律，并制造了世界上第一部最原始的电磁感应发电机。

图 2-7　法拉第及其电磁实验

自 18 世纪中叶以来，对电的研究蓬勃开展。电的每项重大发现都引起了广泛的实用研究，从而促进了科学技术的飞速发展。而世界上第一台工业化电厂用的发电机是由燃煤带动的。

● 神奇的“有形煤”变“无形电”

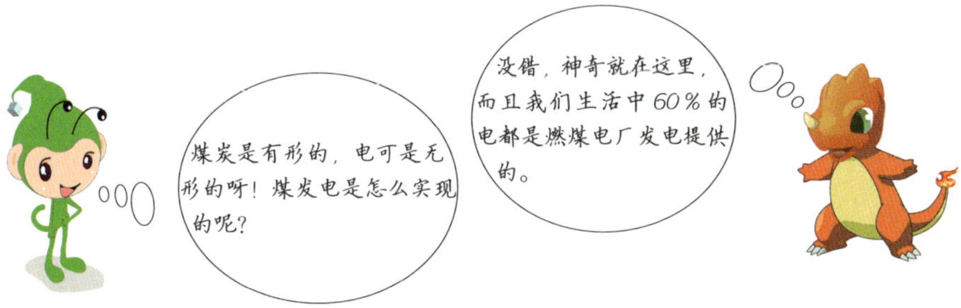

1882年，美国著名发明家爱迪生在纽约创建了世界上第一个火力发电站（燃煤电站）。随后美国、俄国、英国相继建成小火电厂。1886年，美国建成第一座交流发电厂。1882年，我国在上海建成一座装有1台12千瓦的直流发电机火电厂，当时发电机组为16马力(11.76千瓦)，供电灯照明用。

随着发电机、汽轮机制造技术的完善和输变电技术的改进，特别是电力系统的出现以及社会电气化对电能的需求，20世纪30年代以后，火力发电进入大发展时期。火力发电机组的容量由200兆瓦级提高到300~600兆瓦级（20世纪50年代中期）。1973年，最大的火电机组已达1300兆瓦。到20世纪80年代后期，世界最大的火电厂是日本的鹿儿岛火电厂，容量为4400兆瓦。截至2016年，全球最大的火电厂是我国内蒙古托克托电厂，总装机容量为6720兆瓦。

燃煤电厂在火电厂中占比最大，主要包括燃烧系统、汽水系统、电气系统及辅助系统等。“炉、机、电”是火电厂的主要设备，亦称三大主机（电厂锅炉、汽轮机和发电机）（图2-8），与三大主机相辅工作的设备称为辅助设备或辅机。

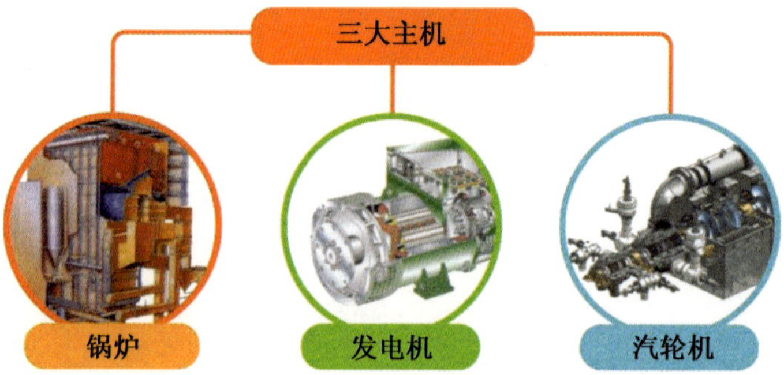

图2-8 燃煤电厂三大主机

小贴士：发电三大关键设备

一是锅炉。锅炉是一种能量转换的动力设备，向锅炉输入的能量有燃料中的化学能、电能，锅炉输出具有一定热能的蒸汽、高温水或有机热载体。燃料在炉膛中燃烧释放热量，把热媒水或其他有机热载体加热到具有一定温度、压力。锅炉包括“锅”和“炉”两大部分。“锅”是容纳水和蒸汽的受压部件，对水进行加热、汽化和汽水分离；“炉”是燃料进行燃烧或其他热能放热的场所。

二是汽轮机。汽轮机是将蒸汽的能量转换成为机械功的旋转式动力机械，又称蒸汽透平。高温高压蒸汽穿过固定喷嘴成为加速的气流后喷射到汽轮机叶片上，使装有叶片排的转子旋转，同时对外做功。

三是发电机。发电机是将其他形式的能量转换成电能的机械设备。它由水轮机、汽轮机、柴油机或其他动力机械驱动，将水流、气流、燃料燃烧或原子核裂变产生的能量转化为机械能传给发电机，再由发电机转换为电能。

那么煤是怎么发电的呢？在锅炉中，煤炭燃烧将燃料的化学能转变为蒸汽的热能；在汽轮机中，蒸汽的热能转变为轮子旋转的机械能；机械能最后由发电机将其转变为电能，如图 2-9 所示。

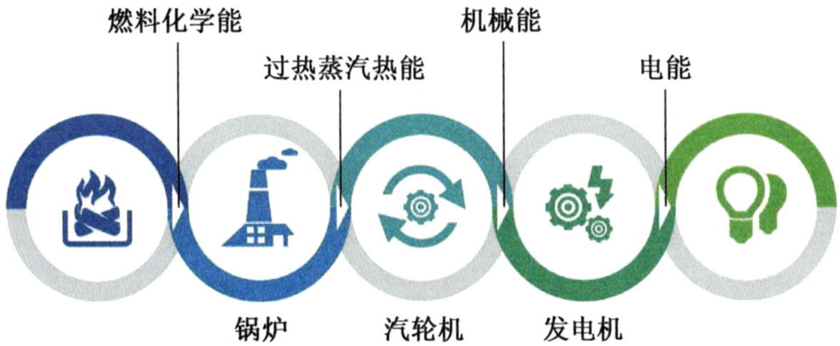

图 2-9 煤发电示意图

那么经常听说的发电厂热效率是怎么回事儿呢？发电厂的热效率主要受锅炉效率、汽轮机效率及发电机效率的影响。这三者中，汽轮机的热效率相对较低，是左右整个系统的关键环节。而蒸汽参数（温度和压力）是影响汽轮机效率的主要因素。根据蒸汽参数不同，将锅炉分为亚临界锅炉、超临界锅炉、超超临界锅炉等。

知识链接：先进高效燃煤发电机组

锅炉产生的蒸汽是承受一定温度和压力的蒸汽，根据蒸汽的温度与压力参数不同，可分为亚临界、超临界、超超临界等发电机组，蒸汽的温度与压力参数越高，其蒸汽热转换为机械能的效率就越高。

亚临界发电机组蒸汽的压力参数在过热蒸汽临界压力之下，超临界发电机组蒸汽的压力参数大于临界压力，超超临界发电机组蒸汽的压力大于超临界压力。所以超超临界机组的转换效率是最高的。

具体的燃煤发电流程主要分以下五步：

第一步：燃煤经斗轮机转运至带式输送机再运至碎煤机破碎，再由缓冲滚筒送入带式输送机运至煤仓，煤仓的煤通过煤闸门进入给煤机，给煤机再把煤输送到锅炉（图 2-10）。

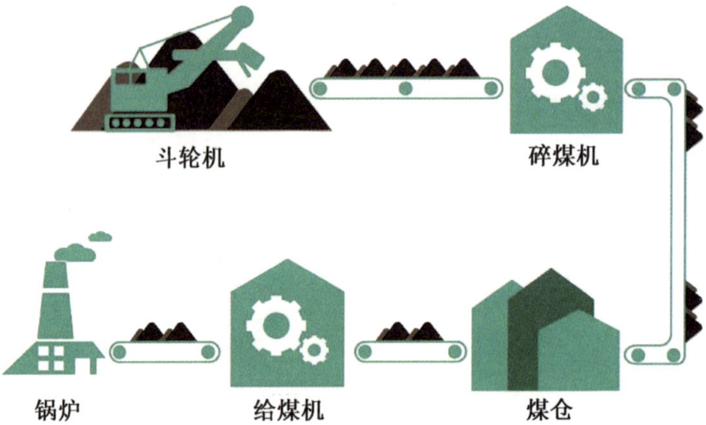

图 2-10　煤到锅炉的过程

第二步：煤在锅炉中燃烧将水加热，使水形成高温高压的蒸汽。能量转化是燃料煤在锅炉里燃烧，把热量传递给了锅炉里的水，燃烧后的煤经过除灰系统变成粉煤灰和炉渣（图 2-11）。

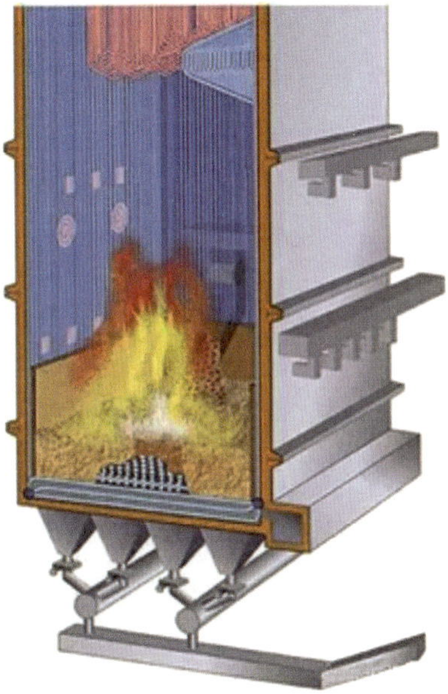

图 2-11　煤在锅炉内燃烧

第三步：蒸汽经过热器进一步加热后变成过热的蒸汽，再通过主蒸汽管道进入汽轮机。能量转化是热能转化成机械能。汽轮机是电厂主要的发电设备（图 2-12）。蒸汽冲击汽轮机叶片，推动汽轮机转子旋转，由此热能转化成机械能。

图 2-12　汽轮机

第四步：汽轮机和发电机在同一根轴上，蒸汽在汽轮机内做功，驱动汽轮发电机组旋转，机械能就转化成了电能（图 2-13）。

第五步：发电机转子通过旋转其定子线圈便感应出电流，强大的电流通过发电机输出 20 千伏电压，通过升压站（图 2-14）升压至 220 千伏甚至高，然后传送给需要用电的每个地方。

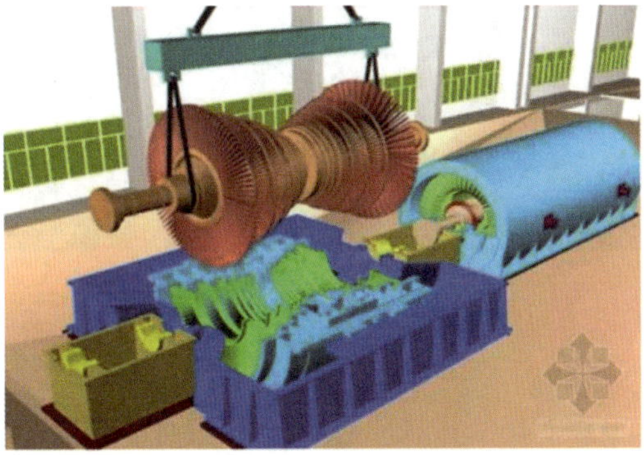

图 2-13　汽轮机驱动发电机

图 2-14　升压站

坐在空调房里的你，或许想不到，你用的电能来自于千里之外。同时，当城市用电量一次次刷新历史纪录时，企业和居民却丝毫没有受到影响。这是因为在用电负荷高峰期，特高压输电技术正在把千里之外的电源源不断地输送给城市，为高温下的人们送去清凉。

特高压输电是如何实现的呢？特高压输来的电先经过电塔输送到各地降压变压站。经过降压变压后，电就被送入千家万户，从而让“煤从天上走，电送全中国”变为现实（图 2-15、图 2-16）。

电塔　　降压变压站

图 2-15　电塔和降压变压站

知识链接：特高压输电技术

在我国，特高压是指 ±800 千伏及以上直流电和 1000 千伏及以上交流电的电压等级。特高压能大大提升我国电网的输送能力。据了解，一个回路的特高压直流电网可以送 600 万千瓦电量，相当于现有 500 千伏直流电网的 5～6 倍，而且送电距离也是后者的 2～3 倍，因此输电效率大大提高。此外，如果采用特高压线路输电可以比采用 500 千伏高压线路节省 60% 的土地资源。我国目前对特高压输电技术拥有完全自主知识产权。

图 2-16　电送万家，万家灯火

● 我国“电力”的顶梁柱

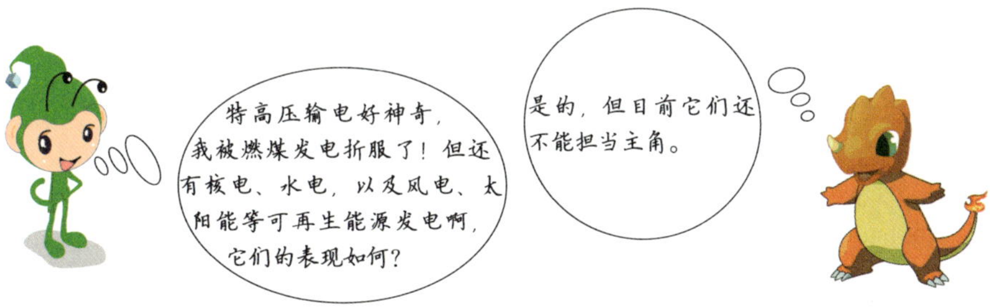

2008 年 1 月，我国浙江、江苏、安徽等 19 个省级行政区的大范围低温、雨雪、冰冻灾害，造成直接经济损失 537.9 亿元。在寒冷天气及恶劣天气情况下，大量输电线路和电塔因覆冰太厚，不堪重负而倒塌，导致 17 个省区出现拉闸限电现象，多地供电系统瘫痪。尤其是贵州省，其电力危机持续升级。1 月 29 日晚贵州省大面积停电，应急指挥部宣布该省进入大面积一级停电事件应急状态。同时，据2008年1月30日初步统计，安徽全省也有105个乡镇和599个村庄供电中断，影响了112万人用电。

冰雪灾害期间，国家领导人第一时间来到煤矿，督促特别能战斗的煤矿工人多出煤炭来救“电急”。为什么，国家领导人不去核电站和水电站，不去风力发电站和光伏发电站?

这是由我国能源资源禀赋条件决定的。燃煤发电一直是我国电力的绝对主体，长期以来，燃煤发电占全国发电量的60%以上。而且燃煤发电机组运转不受自然条件影响，具备安全稳定供应的强大优势。同时，我国虽然在大力发展新能源和可再生能源，但它们目前还不能担当重任，比如，水电受水力出力不足影响，风电、光伏发电则受储能技术限制不稳定。因此在极端天气和大灾大难面前，燃煤发电就发挥了电力顶梁柱的非凡作用！

新中国成立后的60多年，我国电力工业以年均10%以上的增长率使得装机总容量在2016年底达到16.5亿千瓦，居世界首位，其中燃煤发电装机容量占65%左右。正是燃煤电力工业60年，尤其是改革开放后30多年来的奋力发展，推动着我国经济和社会发展的巨轮乘风破浪，滚滚向前，直至成为世界第二大经济体。

2017年7月24日，江苏省电网最高调度用电负荷达到1.0024亿千瓦，成为国家电网系统首个负荷破亿千瓦的省级电网。作为省级电网，该省电网的规模已经超过英法，与德国相当。该省电网是中国负荷密度最大、电网规模最大的省级电网，而燃煤发电作出了重要贡献。

2017年入伏后一段时间，浙江省气温明显升高，大部分地区最高气温达37℃，局部达38℃以上。受高温天气影响，该省电网负荷持续攀升。7月19日，该省电网统调用电最高负荷达到6641万千瓦，全省统调用电量达到13.7亿度，怎么办？如何提供稳定的高负荷的电力供应？这时还得依靠稳定的燃煤发电来保障。

现在很多人把清洁发电的希望寄托在天然气身上，我国和俄罗斯签订了年供380亿米³的天然气进口协议，可谓一张进口大单，但才相当于2700万吨标准煤。截至2016年底，我国累计探明天然气地质储量137400亿米³，但剩余经济可采储量才39300亿米³。2016年，我国天然气产量为1368.7亿米³，消费量高达2058亿米³，同比增长6.6%。这些供应缺口如何解决？首先靠进口，还有部分煤层气、页岩气做补充，但加上煤改气后强大的天然气需求，还是让天然气供应捉襟见肘。并且天然气最主要的功能是保证城市冬季供暖，天然气发电的比例并不大。

核电2016年的装机容量是3364万千瓦，年发电量为2133亿度，占全部发电总量的3.5%。规划2020年装机5800万千瓦，到2030年装机1.2亿千瓦，发电8000亿度，折合1亿吨标准煤。但我国铀资源非常贫乏，100万千瓦机组建核反应堆时首次需要339吨铀，每年还需补充15吨铀235和铀238，铀进口依存度已超过90%。因此，核电在短期内还不能成为我国能源发展的主要方式，只能是一种有益补充。

再来看看水电，我国人均水能只占全世界平均值的25%。虽然我国拥有7亿千瓦的理论蕴藏装机量，但技术可开发的部分还不到5.5亿千瓦，经济可开发才4亿千瓦。2016年我国水利发电量为1.19亿度，只相当于约2.15亿吨标准煤。目前水电装机容量已达3.32亿千瓦，开发度已达到75%，剩下的1亿千瓦中包含雅鲁藏布江的蕴藏量，其在实际开发方面还存在诸多问题。大家都熟知的三峡水电站，总装机容量为2245万千瓦，安装有32台70万千瓦水轮发电机组和2台5万千瓦水轮发电机组，是世界上最大的水力发电站，2016年发电量为935.33亿度。而2016年全国水力发电量为10518亿度，全国总发电量为59111亿度，三峡水电站才占全国水利发电量的9%左右，而水力发电只占全国总发电量的17%左右。

在可再生能源风电、太阳能发电方面，目前仍面临诸多技术挑战，并且弃风、弃光现象较为严重。而且这些能源发电，能流密度较低，若大规模发展，储能技术等掣肘因素较多，关键时刻还得依靠煤电来调峰。

由此可以看出：我国电力模式在较长时间内还将处于传统化石能源

与可再生能源发电方式并行的状态，燃煤发电在近期仍是我国电力的顶梁柱。

三、炼就千年不坏之身：煤与钢铁

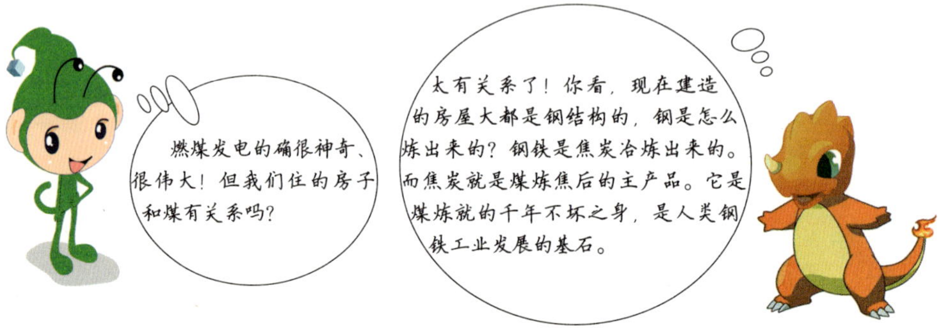

我国是世界上最早发明炼焦技术和使用焦炭的国家。在前面的讲述中，早在西汉时期人们就开始用煤来冶铁了。

而唐代关于“瑞炭”的记载，则可以推断那个时候的人们已经可以炼制出很好的焦炭了。五代王仁裕《开元天宝遗事》中记载：“西凉国进炭百条，各长尺余，其炭青色，坚硬如铁，名之曰瑞炭。烧于炉中，无焰而有光，每条可烧十日，其热气逼人而不可近也。”西凉上贡的“瑞炭”一定是奇异之物，木炭在唐代长安早已是家喻户晓的平常之物，无可称奇，更没有从西凉远道入贡的必要。文中描述的“瑞炭”，其硬度和热力远非木炭所能及，从其特征看，其外形为条状（土法炼制的焦炭多呈条形，有的长两三尺）、颜色为青色、硬度如石、燃烧时无焰有光，热力这么大、这么耐烧等，都与焦炭非常接近。

焦炭大规模用于冶炼钢铁，是18世纪后期从英国开始的。由于英国在1770年用焦炭冶炼出世界上第一批有价值的钢铁，使其在短短几年内就成为当时世界上最厉害的钢铁王国。

知识链接：焦炭是怎么炼制出来的？

人类在16世纪就开始模仿木炭生产工艺进行炼焦，即将煤堆成堆进行干馏；到了17世纪，把煤放到由土做成的烧窑里进行干馏（隔绝空气加热使煤热解）；到了18世纪中叶，人们学着把煤的干馏炭化和煤的燃烧用墙分开，在墙的上部设连通道，炭化室中煤干馏时产生的荒煤气经连通道直接流入燃烧室，与来自炉顶通风道的空气混合，自上而下地边流动边燃烧。这样，煤干馏所需热能可以从燃烧室经过炉墙传给炭化室内的煤炭。这时，人类历史上最初的焦炉就形成了。

● 炼焦支撑起世界第一钢铁大国

我国古代炼焦的主要设备是土法炼焦炉，即炼焦煤在土法炼焦炉内烧炼成焦炭。1898年，我国首批具有工业规模的焦炉在江西萍乡和河北唐山开始生产。1919年，我国第一批可回收化工产品的近代炼焦炉在鞍山建成投产，此后在石家庄、本溪、大连和吉林等地相继建成。

20世纪30—40年代，具有不同规模的炼焦炉在我国东北、华北、山西、上海、四川、陕西等地先后建成投产。新中国成立前，我国已拥有焦炉28座、1137孔，总设计焦炭产能约510万吨/年，为在百废待兴中创立我国钢铁工业奠定了重要基础。

1958年，我国自行设计和建设的第一座焦炉在北京焦化厂一次投产成功。该焦化厂不仅炼制出钢铁工业急需的焦炭，同时还生产供给北京市市民使用的城市煤气——焦炉煤气。

随后，我国又陆续建设了一批大型焦炉，为推动当时我国重工业的发展发挥了重要作用。20世纪70年代初，为满足“三线”建设需要，我国自行建设了5.5米大容积焦炉。这成为我国炼焦工业发展史上的里程碑式事件。

20世纪90年代以来，随着世界经济复苏与我国经济快速发展，国

图 2-17　河南某焦化园区的现代化焦炉

际焦炭市场需求量剧增，我国钢铁业也得到快速发展，进而推动我国焦化行业迅猛发展。从 1993 年起，我国焦炭产量和出口量已跃居世界第一。进入新世纪，我国焦化产业发展更是突飞猛进，同时技术工艺和设备也更加先进。到 2013 年时，炭化室高 5.5 米及以上大型焦炉生产能力已达到 2.62 亿吨，约占全部产能的 40%。生产中的现代化焦炉如图 2-17 所示。

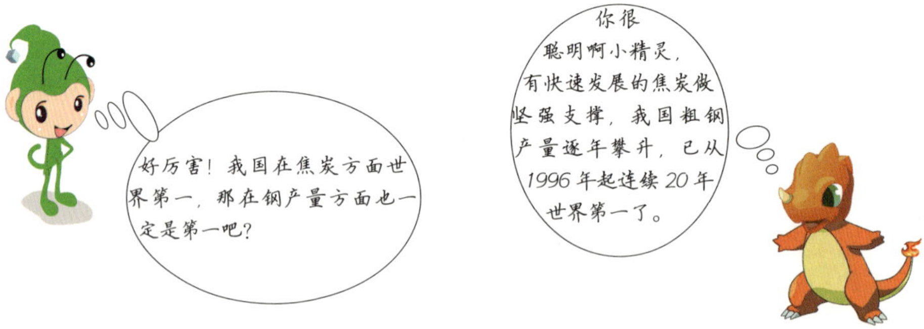

用于高炉炼铁的焦炭一般称为冶金焦，在炼铁过程中，焦炭既要作为燃料为冶炼过程提供热源，又要作为主要的还原剂，因此焦炭在冶炼中的作用很大。并且随着高炉大型化和强化冶炼技术的发展，对焦炭强度的要求也日益增高。目前我国可以生产世界上强度最好的焦炭。

1996 年我国粗钢产量首次破亿吨后，2014 年我国粗钢产量达 8.23 亿吨的历史峰值。这和改革开放以来，我国国民经济持续快速增长和人民住房不断改善直接相关。古人憧憬的“大庇天下寒士俱欢颜”的梦想已在今天得以实现。

现在不论你走到哪座城市，到处都是一片片新建住宅小区；农村的新房也鳞次栉比，家庭居住条件得到极大改善。而钢铁就是那拔地而起的高楼大厦和片片居民楼中不可或缺的骨架支撑。当然，这其中有煤炭间接的巨大贡献！

兰炭、煤焦油和焦炉煤气

●兰炭

焦炭的用途十分广泛。根据干馏温度，可以分为高温焦炭和中低温焦炭。高温焦炭（即冶金焦）主要用于钢铁工业中的高炉炼铁；而煤炭中低温干馏得到的焦炭叫半焦（也叫兰炭），工业上被广泛用于生产煤基化肥、有色金属冶炼、电石生产及金属制品等行业。利用兰炭燃烧更耐久且不冒烟的优越性能，还可作为边远农村和山区居民优质洁净的民用燃料（图 2-18）。

图 2-18　燃烧中带有蓝色火焰的兰炭

●煤焦油

煤焦油是煤干馏过程中产生的液态产物。高温干馏得到高温焦油，中温干馏得到中温焦油，低温干馏得到低温焦油。煤焦油虽然是具有刺激性臭味的黑色或黑褐色黏稠状液体，但你可能不知道，通过对其深加工可以生产出上百种化学品。像过去可用于面食加工业中的香精、糖精，炒菜用的味精，以及放在衣柜防止衣服被虫蛀的樟脑丸等都是从高温煤焦油中提取出来的。而沥青则是煤焦油深加工后的大宗固体废弃物，破碎均匀后用于铺路可使其变废为宝（图 2-19）。

现在依然还有煤焦油深加工产业。从中制取的萘，可以用来生产树

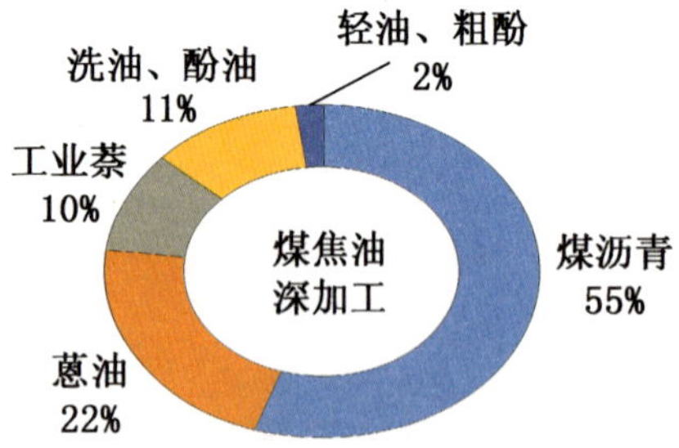

图 2-19 煤焦油深加工产品

脂、工程塑料和染料、油漆的原料；粗酚可用来生产合成纤维、医药、农药及其炸药；而从中制取的蒽，也可以用来生产染料和油漆的原料。

目前随着低阶煤提质利用产业的发展，低阶煤在中低温干馏热解过程中产生的中低温焦油成了抢手货。对其进一步深加工还可得到附加值更高的轻油、萘酚油和粗酚等煤基化学品。

●焦炉煤气

在炼焦过程中，除焦炭和煤焦油外，还有气态产品——焦炉煤气。大家可能还不知道，焦炉煤气曾经是某些城市最主要的城市煤气，担负着城市居民最主要的炊事和餐饮业用气重任。

北京焦化厂曾是一个以供应首都管道煤气为主要任务的大型煤炭综合利用企业。1958 年，该厂作为“国庆工程”的煤气配套项目正式筹建，1959 年 11 月 18 日建成第一座焦炉并投入生产。投产后，源源不断的焦炉煤气被输送到北京市的千家万户，结束了北京市没有煤气的历史。焦化厂曾经拥有 6 座大型焦炉，商品煤气年生产量最高达到 6 亿米^3，累计为北京市输送商品煤气 148 亿米^3。所产煤气从供应“三大一海”（大会堂、大饭店、大使馆和中南海），逐渐扩大到数十万户居民家庭和部分宾馆饭店、餐厅、企业，极大地改变了北京市过去落后的“直接烧煤”的燃料结构，为当时北京市的环境保护作出了巨大贡献。2006 年 7 月 4 日，北京市完成最后 6000 多户人工煤气置换天然气，结束了使用近 50 年人工煤气的历史。

目前焦炉煤气的用途更多了。用焦炉煤气还能生产重要的化工原料甲醇，联产合成氨；并且还可将焦炉煤气液化生产液化天然气。

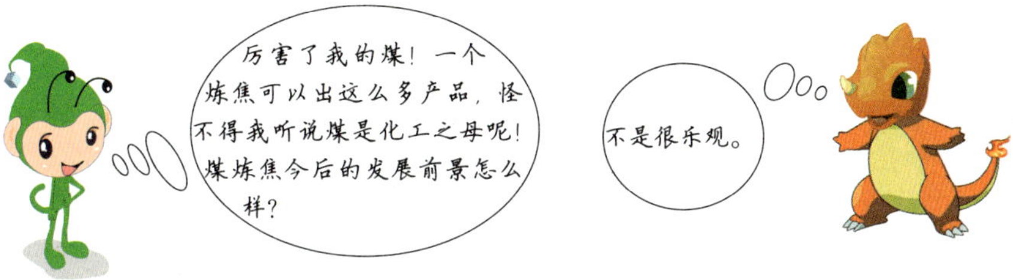

目前我国经济发展已进入新常态，各行业正由过去粗放式发展转向质量效益型发展。一些落后产能开始被淘汰，钢铁业也一样。2015 年我国钢产量首次下降，全国粗钢产量 8.03 亿吨。但随着整个实体经济的恢复性增长，2016 年粗钢产量又有小幅回升，达 8.08 亿吨。据权威预测，由于我国房地产业的趋稳，今后一段时期内，钢铁产量会维持比较平稳的状态，不会大幅上升。

那么与钢铁关系紧密的焦炭呢？也属于要淘汰落后产能的重要产业。这几年随着钢铁工业去产能，焦化产业中大批技术落后、污染严重的小焦炉已被拆除，但由于过去几年盲目立项建设的结果，焦炭产能还是呈总体过剩状态。

同时由于技术进步，在钢铁的冶炼过程中焦炭已不再是必须采用的原料，现在可以用煤粉直接喷入高炉来炼铁。同时，还开发了电弧炉炼钢新工艺。随着我国几十年的建设，积累了大量的废钢，而这些废钢恰好是电弧炉最好的原料。所以焦炭在冶金领域的应用会慢慢减少。

四、粮食的粮食：煤与化肥

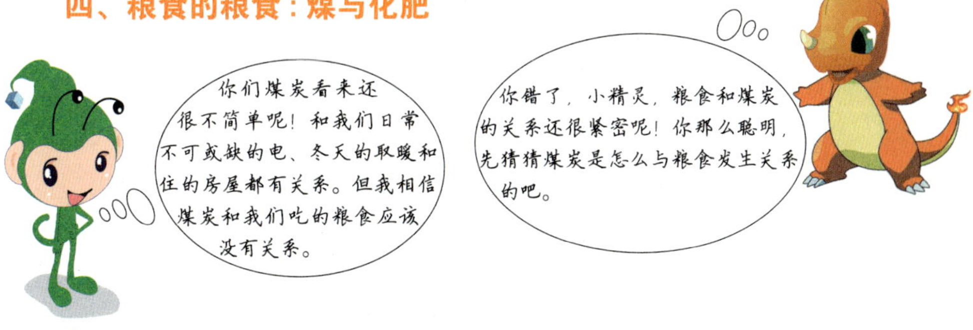

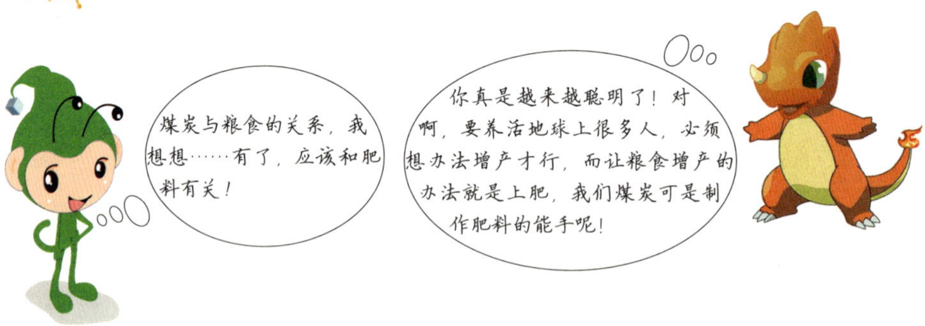

庄稼的美食——化肥

大家都知道，如果庄稼（农作物）不上肥产量就不高。但庄稼都需要什么肥料呢？庄稼生长需要的营养元素有几十种，碳、氧、氮、氢、硫、磷是构成农作物有机物质的主要元素，其中氮、磷、硫是农作物细胞里蛋白质的组成成分，对其细胞的增长和分裂起重要作用。钾、钙、镁对其体内有机物质和养分的合成、转化与运输也发挥着重要作用。铁、锰、硼、铜、锌、钼对农作物体内酶的形成有密切关系，对调节作物的新陈代谢十分重要。在主要有限营养元素中，碳、氧、氢 3 种元素的需要量最大，占农作物体内干物质重的 95% 左右，碳、氧、氢 3 种元素的来源是空气和水。农作物靠叶片的光合作用从空气中吸收二氧化碳，靠根从土壤中吸收水分，获得充分的碳、氧、氢。此外，庄稼需要氮、磷、钾、钙、镁、硫等几种营养元素，占农作物体干重的 4.5% 左右。这些元素需要靠农作物从土壤中吸收，土壤里如果缺乏这些元素，就会影响作物的正常生长。一般来说，土壤里最难满足需要的是氮、磷、钾 3 种元素，如果缺少这 3 种营养元素，农作物就会生长发育不良。所以，农业上最常用的肥料就是氮肥、磷肥和钾肥，通常称为“肥料三要素”。

过去主要通过农家有机肥向土壤中补充这些养分，但随着人口的增多和可用耕地的不断减少，有机肥料已远远不能满足养活更多人口的需要。要实现更快、更多地为庄稼提供“养分”的目的，必须依靠化工合成的方法制造含有氮、磷、钾等元素的产品，这就是化肥。因此，我们说化肥是粮食的粮食（图 2-20）。

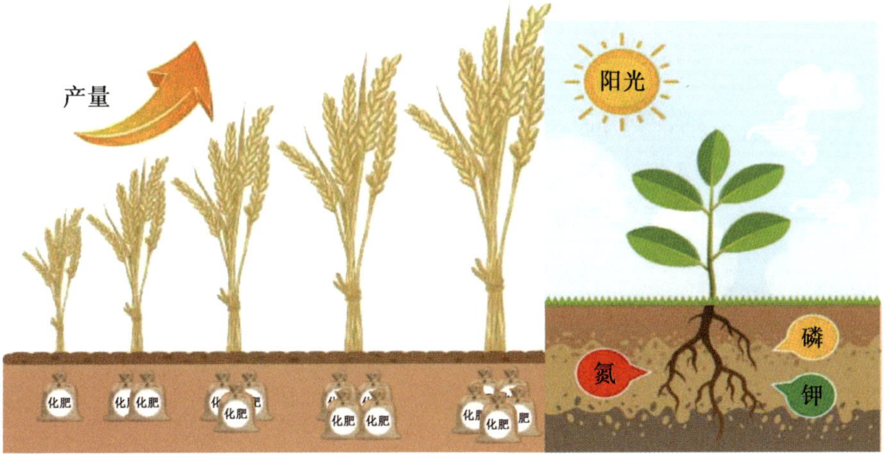

图 2-20　化肥与农作物生长

那么煤是如何“变成”化肥的呢？

要回答这个问题，还要从对庄稼作用最大、目前产量最大、应用最广的氮肥来说起。有了它，农作物可以枝叶茂盛，叶绿素增加、营养充足、茁壮生长。但要生产出氮肥，就需要氮和氢，并把它们合成氨。因为无论哪种氮肥都是以氨为原料制成的。另外，氨还可以加工成含氮复混肥料，如磷酸一铵、磷酸二铵、硝酸磷肥、氮磷钾复合肥等。这部分氨约占氨总产量 70% 的比例，称为“化肥氨”。说到这儿，大家就会发现合成氨是制造氮肥的关键。而煤炭则是人工合成氨的重要原料之一。

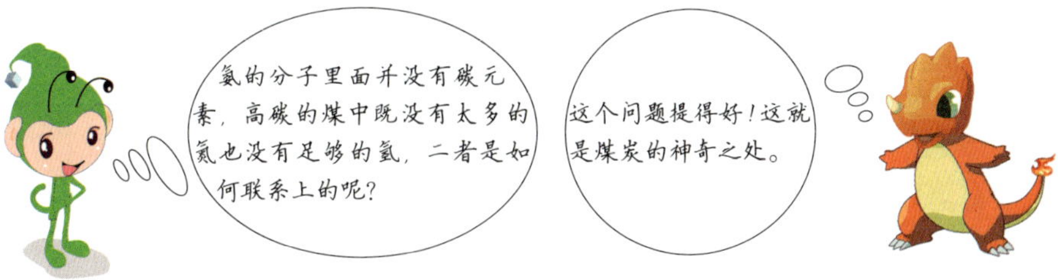

煤到"氨"的华丽转变

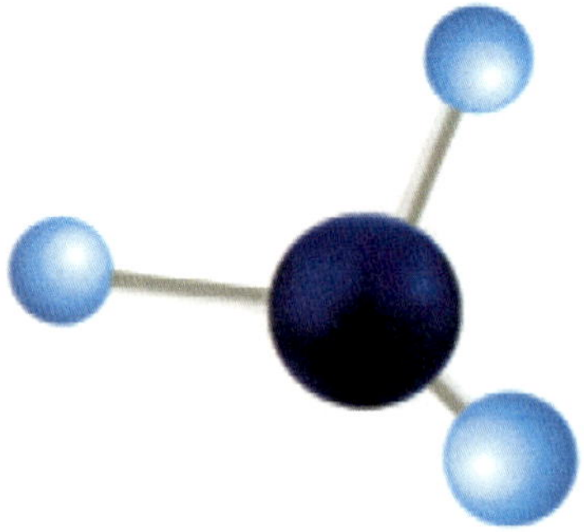

图 2-21 合成氨分子示意图
（其中深色球为氮原子，淡色球为氢原子）

氨（NH_3）是1754年由英国化学家普里斯特利（J.Joseph Priestley）加热氯化铵和石灰石时发现的（图2-21），是一种在常温常压下无色、有毒，并具有刺鼻气味和催泪性难闻的强烈刺激性气体。气态氨极易溶于水，溶解时放出大量的热，其溶液叫氨水。氨水呈弱碱性，易挥发。

小贴士：夏天厕所味道更难闻的原因

人的尿液中含有人体代谢产生的尿素，尿素分解会产生氨，尤其是夏天气温较高，分解产生的氨更多，这就是夏季公共厕所内刺激性气味较重的原因。

通过对氨（NH_3）分子式的了解，我们知道氨是由3个氢和1个氮构成的化合物，煤中主要是碳，只有少量的氢，氮就更少了，怎么会变成氨呢？二者的确没有任何联系。

空气中有大量的氮气，但氢气含量才2%左右。所以合成氨的关键是要获得大量氢气。为了获得氢气，人们首先想到水中含有丰富的氢，但用水制氢成本较高。而煤炭以碳为主，是一种"物美价廉"的还原剂，碳可以与水反应释放出氢气。

但有了氢气和氮气，也不能轻而易举地合成氨，必须在高温高压条件下，采用以铁为活性成分的高效催化剂才能取得满意的转化率。催化剂非常关键，假如没有高效催化剂，氢和氮即使在高温高压下也会形同陌路，不会结合。

利用氮气与氢气直接合成氨在科学界曾经是一个较难的课题，许多著名的化学家都在这项工作中失败了。科学家经历了上百年的科研攻关才研发成功。其中贡献最大的是德国物理化学家哈伯（Fritz Haber），他通过多年研究，终于在1909年取得了鼓舞人心的成果：在600℃的高温、200个大气压和催化剂的条件下，得到了产率约8%的合成氨。后来，博施（Carl Bosch）解决了高温下氢气对钢材的腐蚀以及氨合成反应器寿命短等问题，这才使得100多年来科学家们合成氨的设想得以真正实现。由于哈伯和博施的突出贡献，他们分别获得1919年、1931年诺贝尔化学奖（图2-22）。

Fritz Haber(1868—1934)
奠定合成氨理论基础，
获1919年诺贝尔化学奖

Carl Bosch(1874—1940)
实现合成氨工业过程，
获1931年诺贝尔化学奖

图2-22　科学家哈伯和博施

从发现氨到工业合成氨的成功，人类历经了100多年的努力，这种努力改变了世界粮食生产的历史。据联合国粮农组织（FAO）统计，化肥对粮食生产的贡献率占40%。哈伯和博施发明的催化合成氨技术被认为是20世纪催化技术对人类最伟大的贡献之一。此外，氨还是生产硝酸、丙烯腈、己内酰胺、炸药、磺胺类药物的基础化工原料。并且氨还可用作制冷剂以及热电厂烟气脱硫脱硝的还原剂等。

随着石油化工和天然气化工的发展，国外以煤（焦炭）为原料制氢来合成氨的方式在世界上已很少采用。而我国富煤缺油少气的特点，使天然气制氨工艺受到严格限制，煤炭成为合成氨的主要原料。目前我国以煤为原料的合成氨产量比例达 80%。

那么煤是如何华丽地转变为合成氨的呢？

工业生产中，是将煤与水导入气化炉，煤与水、氧气在炉中发生化学反应首先生成以一氧化碳、二氧化碳和氢气为主，以及含氮、硫杂质的粗煤气，随后对粗煤气进行净化，得到以一氧化碳和氢气为主的合成气（俗称水煤气），同时还需要将多余的一氧化碳转化为氢气，从而进一步提高氢气含量。这样才能生产出合成氨急需的氢气。有了从煤中生产出的氢气，再与氮气合成，煤就可以华丽地变身为化肥最主要的原料——合成氨了（图 2-23）。

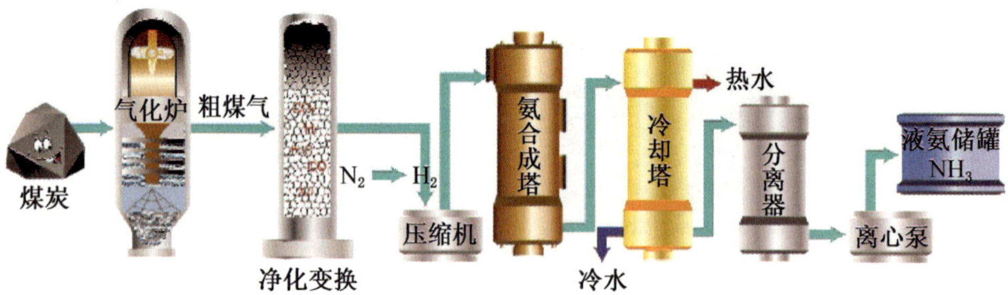

图 2-23　以煤为原料生产合成氨示意图

知识链接：以煤为原料生产合成氨时的制氢过程

处理好的煤和水导入温度 1250～1400℃的气化炉内，煤与气化剂——水发生反应，生成以一氧化碳、氢气、二氧化碳、硫化氢为主，含少量硫氧化物的粗煤气。粗煤气中一氧化碳和氢气是有效成分，其占比为 80%～84%，但其中的杂质和毒物必须去除，否则，二氧化碳和硫化氢气体会让催化剂中毒。期间，一氧化碳还与水发生变换反应生成氢气，以调节煤气中一氧化碳和氢气的比例，到氢气足够多时，煤原料就完成使命了。

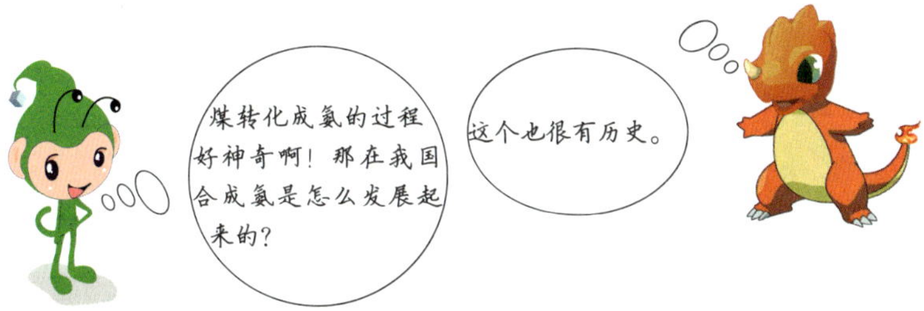

我国合成氨工业起步于 20 世纪 30 年代。那个时期，我国年合成氨生产能力才 4.6 万吨。1958 年我国著名化学家侯德榜带领科技人员自行研制开发了碳酸氢铵生产流程。由于投资省、设备制造容易、操作简单，在全国各市、县建设了一大批小型氮肥厂生产碳酸氢铵。到 20 世纪 70 年代末，小型氮肥厂达 1000 多家，但大多以油气为原料。20 世纪 80 年代后，由于煤气化技术的引进，使得我国合成氨原料逐步转变为以煤为主。2004 年 12 月，我国首套规模为 30 万吨 / 年合成氨的大型氮肥国产化技改项目在山东完成，使我国逐步摆脱大氮肥依赖进口的现状，初步实现了大氮肥装置的国产化。同时由煤生产合成气的技术在不断进步。不仅用无烟块煤可以生产化肥的合成气，用烟煤也可以生产所需要的合成气，而且规模可以进一步扩大。2013 年我国合成氨产量达 5545.3 万吨，居世界第一位。

虽然化肥的使用使粮食大幅增产，但由于部分耕地用化肥过度，导致土地受到了化肥污染。所以目前正在开展科学合理施肥与化肥工业革新等工作，以便能与人们目前青睐的绿色有机肥 PK。

未来化肥将向液体化、缓效化、复合化、多功能化和生态友好化发展。在提高农作物产量的同时提高农产品的质量将是我国化肥工业今后的发展目标。

五、保家卫国："煤变油"

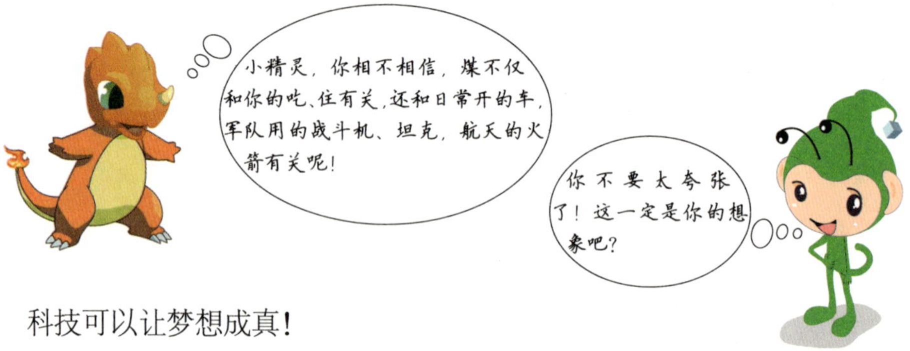

科技可以让梦想成真！

乍一听起来，汽车、坦克、战斗机和火箭与煤有关，简直就是天方夜谭。但是聪明的人类已经让"飞机烧煤"等梦想成为现实。

因为通过神奇的"煤变油"技术工艺，可以把煤变成清洁的油品。不要不相信，作为世界第二大经济体的中国，已经掌握了这一神奇的"煤变油"技术。

● 坦克加"煤" 强劲有力

坦克是现代陆上作战的主要武器，有"陆战之王"美称。第一辆现代意义的坦克"小游民"，是在1915年的英国诞生的。"坦克"这个词，是1916年英国为了迷惑德军，将运往索姆河战场的这些大家伙以海军专用名词TANK(水柜)代号来命名。至此，坦克开始登上陆战舞台，并在两次世界大战尤其是二战中充分证明了它的陆战威力。

1958年12月，中国试制出第一辆坦克，1959年9月实现批量生产并装备部队，命名为59式中型坦克，结束了中国不能生产坦克的历史。历经半个多世纪的发展，我国自主研制的坦克其综合作战能力已经达到了世界先进水平。在庆祝中国人民解放军建军 90 周年的阅兵仪式上，作为我国最先进且完全信息化的 99A 式主战坦克震撼亮相，实现了火力、机动力、防护力和信息力的有效融合，标志着我国陆战装备迈上了一个新台阶。

坦克一般使用柴油作为燃料，北方边境高海拔、高寒冷、极地等地区使用的军用低凝点柴油一直以来都是我国的稀缺油品。因为低凝点柴油生产原料来源单一、加工难度大，而且产量较少，不能满足我国国防事业不断发展的需要。而“煤变油”中的煤直接液化柴油具有低凝点、低温启动好、动力强等优点，可在极端天气地区具有良好的应用性能。

2014 年 1 月 8 日，在中国北方某装甲兵军事训练基地，战士们在完成日常训练后反映，“这次的油怎么与之前使用的不一样啊，黑烟冒得少，不呛人了，而且感觉动力大增啊”。这是“煤变油”首次在我国主战坦克上使用。当时，士兵们并不知道已经给他们的坦克加上了“抗寒”而且清洁的“煤变油”。当知道给他们换油后，士兵们纷纷表示“以前训练时每次启动坦克都呛得人直流眼泪，这个油真的很干净，以后一直都能使用就好了”。

不仅如此，中国最大的极地考察船，也是中国唯一能在极地破冰前行的船只——“雪龙号”也加上了“煤变油”。

2014 年“雪龙号”破冰船在南极考察，创造了我国船舶向南航行纬度的最高纪录，当时“雪龙号”主要设备使用的就是煤直接液化柴油。据工作人员介绍，“雪龙号”加上“煤变油”后，性能稳定，动力强劲，完全能够满足极地考察期间的燃料要求。“煤变油”生产单位负责人介绍，“因为煤直接液化柴油与常规石油炼制的柴油组成不同，它的凝点更低，在 -70℃以下也能正常使用，而且硫、氮含量极少”。“雪龙号”

工作人员高兴地说，“有了这种油，我们以后就不用担心天气太冷而造成的设备故障了”。

● 飞机烧“煤”梦想成真

1903年12月17日，莱特兄弟首次试飞了完全受控、依靠自身动力、机身比空气重、持续滞空不落地的飞机，也就是“世界上第一架飞机”。从此，人类动力航空史就此拉开了帷幕，飞机被列为人类历史上最伟大的发明之一。随着科学技术的进步，蒸汽机、电动机、内燃机等动力装置相继问世，飞机的研制得到迅速发展，各国也逐渐认识到飞机在军事领域里的发展前景，并开始将各种各样的飞机供军队使用。在现代战争中，为了增强战斗的打击效果、缩短作战时间，空军成为最先考虑动用的军种。而战斗机自然是空军中当之无愧的主角，对战争起到了至关重要的作用。“战斗机续航里程”是决定战斗机性能的最重要指标之一。然而，人们往往习惯从飞机本身的尺寸和油箱的大小来考虑战斗机的续航能力，却一直未能从高能航油的角度去考虑和解决续航能力这一问题。新型的尖端航油可以在同样大小的油箱下飞出更远的距离，从而提高战斗机续航能力。

“煤变油”产品具有更大的质量密度和体积热值，在发动机油箱容积一定的情况下，能有效增加所携带的能量，有利于延长飞机续航时间，扩展飞机的作战半径；或在保持性能不变的情况下，减小发动机燃料箱容积，实现飞行器小型化，以更好地提高战斗机的机动性和突防能力。

2015年1月12日，在中国西部某飞行试验基地，正在见证飞机烧“煤”上天的伟大奇迹。为了这次试飞，试验人员筹备了一年半的时间，“因为我国从来没有在飞机上使用过‘煤变油’，所以心里没底，必须做足准备”，据试验人员介绍，他们从 2013 年就开始验证“煤变油”在飞机上使用的可行性。2014 年 7 月 14 日 10 时，“煤变油”首次完成了飞机发动机台架试验。“现场准备到位”“数据监控到位”“操作员到位”“尾气分析到位”“点火”……，随着一个个指令的发出，飞机发动机发出“轰隆隆”的震耳响声，从尾部喷出十几米的气焰长龙。试验人员将发动机反复从慢速、过渡一直到全加力状态，一次次验证“煤变油”在飞机发动机上的使用情况，确保试飞试验顺利进行。

经过一系列实验室试验及地面试验，2015 年 1 月 12 日 14 时 45 分，某型战斗机在“煤变油”的推动下升入高空，完成爬升、加速、翻转等一系列考核项目后平稳着陆。据试飞员介绍：“使用这种油，战斗机飞行平稳，加速爬升过程中没有任何异常，完全可以替代石油炼制的油品”，这意味着世界首次将“煤变油”用于飞机飞行取得圆满成功。

因此，“煤变油”不仅让飞机烧“煤”梦想成真，还能够让飞机飞得更高更远。

● “煤”推火箭 助力航天梦

1926 年 3 月 16 日，世界上第一枚液体火箭从一个十分简陋的发射架上腾空飞起。火箭仅长 3.04 米，向上飞高 12 米，然后落到 56 米外的一片菜地里。火箭虽然只飞行了 2.5 秒，但它的发明为人类探索太空拉开了帷幕。

现代火箭可用作快速远距离运送工具，如作为探索外太空、发射人造卫星、载人飞船、空间站的运载工具等。火箭推力的获得，乃由高速喷出物反作用而生成，其原理与花园中用橡皮管喷水时橡皮管会向后退，以及射击时枪把向后座的原理一样。火箭的燃料经过燃烧室燃烧后，会产生高温高压气体，之后再经过一个喷嘴而加速，并排气到外界，这些气体便是推动火箭的原动力。常用的航天液体推进剂有：四氧化二氮—肼类，液氧—煤油，液氢—液氧等。我国现有的长征系列运载火箭是在战略武器的基础上演变沿用而来的，其推进剂（偏二甲肼/四氧化二氮）毒性大、污染严重、价格高、性能低，世界各国新一代的运载火箭将不再使用。

我国未来的火箭可以用什么燃料？你可能想不到，是“煤变油”，更准确地说是煤基火箭煤油。

普通的黑色煤炭与高端的航天火箭看似没有多大关系，但是2015年4月12日在中国西北部某试验区进行的液氧—煤基火箭煤油的发动机整机热试车，让二者有了联系。12日上午11时30分，随着“5、4、3、2、1，点火”的一声令下，中国自主研制的火箭发动机发出震山撼岳的轰鸣声，完成推力、压力、流量、温度、振动、应变、转速等一系列考核项目后准时关机，试验取得圆满成功。据现场的航天专家介绍：“煤基火箭煤油各项性能指标与石油基航天煤油相当，完全可以替代后者。”这是世界首次将“煤变油”应用于航天领域。

我们期待“煤变油”能够早日真正推动火箭进入太空，为我国航天事业的发展作出更大的贡献。

“煤变油”除了可以用于军工外，也可以作为寻常百姓家的小汽车用油。

当你驱车来到内蒙古鄂尔多斯市时，一座醒目的加油站会映入你眼帘，那就是“神华煤制油”加油站。从外表看起来，这座加油站和其他加油站相比并没有什么特别的，但令你想不到的是，这座加油站里所有的油都是煤变来的。有些朋友的汽车加这座加油站中的“煤变油”已经快4年了，感觉非常好！动力更足！尾气排放更少！而这座加油站的油就是通过煤直接液化工艺将煤变成的柴油和汽油。

“煤变油”的神奇魔法

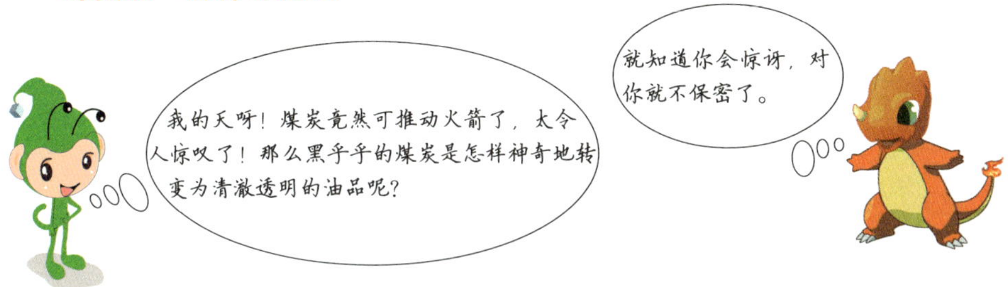

“煤变油”也即煤制油技术，是以煤炭为原料，在一定条件下将煤进行化学加工，生产清洁油品和煤基化学品的一项技术，主要有煤直接液化和煤间接液化两种主要工艺。

●煤直接液化

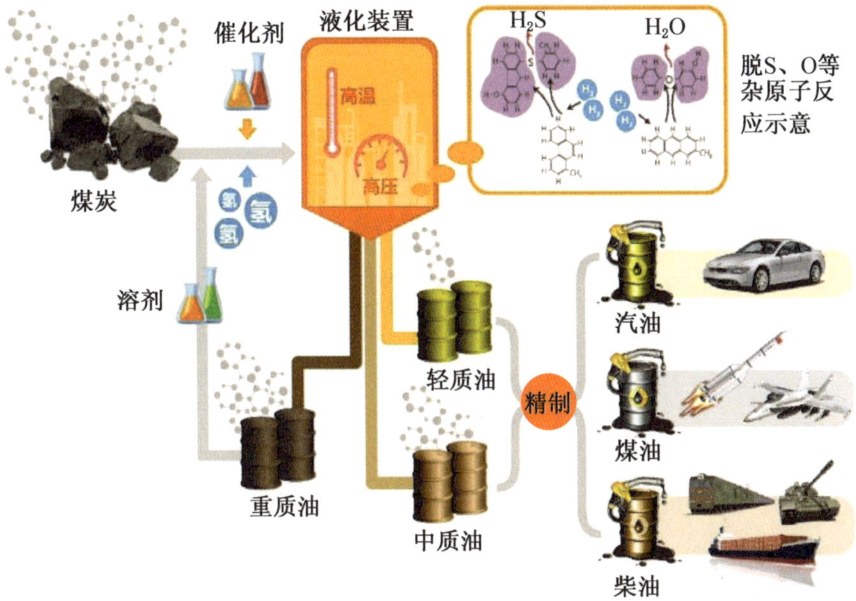

图 2-24 煤直接液化工艺示意图

煤直接液化是将煤炭在高温、高压、催化剂的作用下与氢气反应，直接生产出液体燃料，并脱除硫、氮、氧等杂原子的工艺过程。这样说起来很平淡吧？其实非常不容易！大家想想，煤炭这个有机可燃岩，它就像很多人交叉地一环套一环套在一起的坚强稳固的一堵人墙，怎么可能这么容易把它打散成为三两成堆（变成较小分子的液态油）的状态呢？所以除了依靠外力——高温、高压、催化剂外，还要不断向它补充氢，使其内部结构中的氢足够多，内因通过外因起作用才能碎成液态的较小分子。如何加氢？就是给它提供富含氢的溶剂，使其发生加氢反应，然后对生成的液态产品再进行精制、提质，去除杂原子，才能产生合格的油品（图 2-24）。

1. 煤直接液化工艺

目前煤直接液化可以实现工业化的工艺是"神华煤直接液化工艺"。该工艺包括催化剂制备、备煤和煤浆制备、煤液化、加氢稳定、加氢改质 5 个单元，煤液化是该工艺的核心。经过加氢改质，固体煤就神奇地转化为液体的石脑油、煤油和柴油等产品了，石脑油经深加工后可生产汽油。该工艺的先进性如图 2-25 所示。

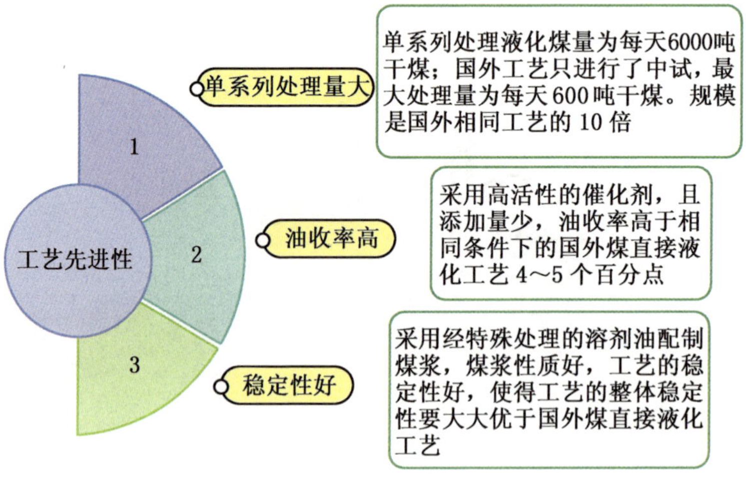

图 2-25 煤直接液化制油工艺的先进性

小贴士：神华煤直接液化工艺的诞生

20 世纪 90 年代末，我国开始进行百万吨煤炭直接液化示范厂的选点：一是云南先锋的褐煤，二是黑龙江依兰的长焰煤，三是鄂尔多斯的长焰煤。随后煤炭相关科研机构开始研究煤直接液化工艺。最初准备在以上三地采用 3 个国外的煤直接液化工艺：一是日本新能源产业综合开发机构的 NEDOL 工艺，二是德国的 IGOR 工艺，三是美国的 HTI 工艺。最后选择技术合作方时，由于当时黑龙江依兰和云南先锋的点都没有业主方，只有鄂尔多斯有业主，为神华的煤矿，因此选择在鄂尔多斯进行建设。

根据收油率的高低，业主方——神华集团最后选择了美方的 HTI 工艺。但相关研究人员经过深入研究，发现美国 HTI 工艺存在重大风险，并撰写相关报告要求改变工艺。虽然当时国务院已经批准了煤直接液化项目，并且确定了 HTI 工艺，但为了能真正把煤直接液化示范项目搞好，也为了国家利益，当时神华集团高层果断决定，研发我国自己的煤直接液化工艺。

之后，神华集团的研发团队在充分消化吸收国内外现有煤直接液化技术的基础上，联合国内相关科研机构，完全依靠自己的技术力量成功开发出具有自主知识产权的神华煤直接液化工艺，并在世界上第一个完成了从实验室小试 (BSU)、中试 (PDU) 直至百万吨级工业示范装置的完整开发过程，使我国成为全球唯一掌握百万吨级煤直接液化技术的国家。2004 年 6 月，具有神华自主知识产权的煤直接液化技术通过评估和鉴定。凭借神华煤直接液化技术，我国建起了全球首套百万吨煤直接液化示范工厂。

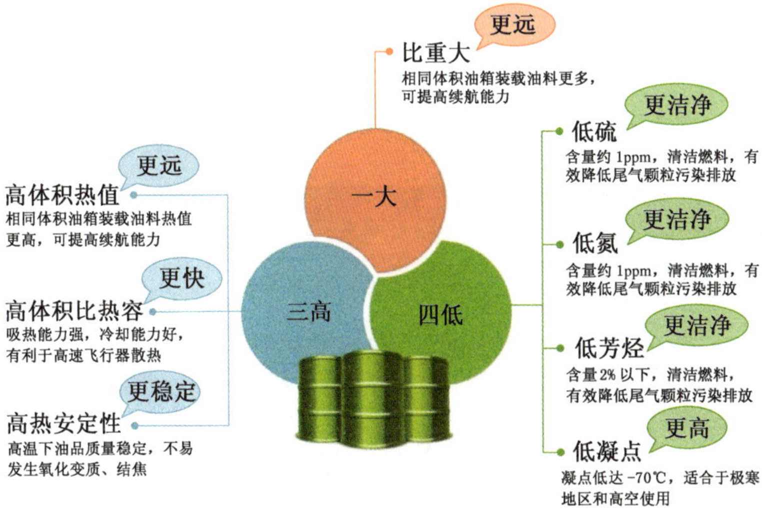

注：$1\ ppm=10^{-6}$

图 2–26　煤直接液化油品的特点

2. 煤直接液化油品具备的优势

“煤变油”中的煤直接液化油品与常规石油基燃料相比，具有“一大、三高、四低”的特点，这些优异品质决定了其具有制取军用及航空航天领域特种燃料的潜质，是未来我国军用及航空航天领域的特种燃料（图 2-26、图 2-27）。

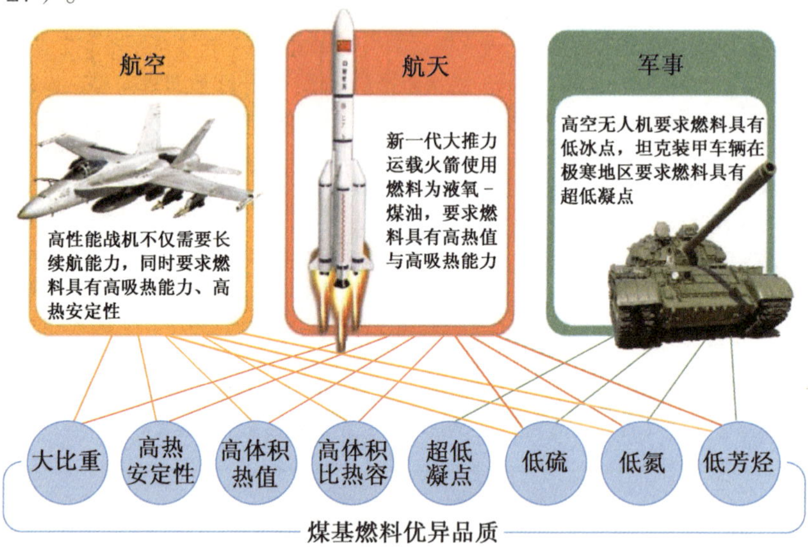

图 2-27　煤直接液化油品的军用属性

3. 煤直接液化工厂

目前，只有我国实现了煤直接液化的工业化。我国内蒙古鄂尔多斯全球首套百万吨煤直接液化工厂如图 2-28 所示。

图 2-28　内蒙古鄂尔多斯全球首套百万吨级煤直接液化工厂

●煤间接液化

1. 煤间接液化工艺

在煤间接液化变油过程中，煤会发生哪些神奇的变化？

具体过程是这样的：首先，利用氧气将煤进行不完全燃烧，把煤的大分子完全打破，转化为由简单分子（CO 和 H_2）组成的合成气；再以合成气为原料进行合成反应（由低碳分子合成较多碳的有机分子）生产出油品，而这一反应过程称为费托合成（图 2-29）。

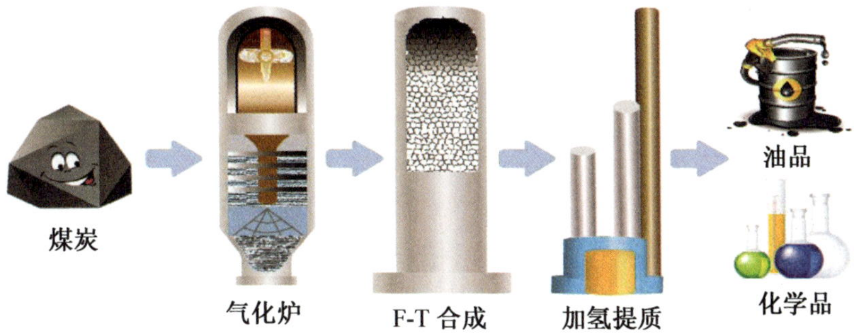

图 2-29　煤间接液化制油过程示意图

知识链接：神奇的费托合成

> 1923 年，德国化学家费舍尔（Fischer）和托普舍（Tropsch）发现，CO 和 H_2 在适当反应条件和催化剂作用下可以直接转化为有机烃产物。为了纪念他们，人们将这一过程以他们的姓名命名为费托（F-T）合成。费托合成反应过程中，CO 和 H_2 反应形成各种分子量的烃（$[—CH_2—]_n$），也就是生成了不同长短链的烃，而 5 个碳原子以上的烃就是油。长链的烃是由短链的烃一个碳一个碳加出来的。也就是说，费托反应先生成碳一，然后开始加碳，生成碳二，然后生成碳三，直至 6 个碳左右。所以生成的油是通过把气化后的一碳分子一个碳一个碳增加上去的。

2. 煤间接液化油品的性能优势

煤间接液化得到的油品和煤直接液化得到的油品一样，都是非常清洁的油品，可以为汽车提供优质“粮食”，使得汽车在给我们带来便利的同时，可以最大程度地减少城市大气污染。

首先，煤间接液化得到的油品非常干净。由于合成油过程中已经把杂质基本上除掉了，硫含量可以达到百万分之一以下，比目前最高环保要求的硫含量标准还要低（国六标准要求小于百万分之十）。煤间接液化油得到的汽柴油中，氮、硫含量极低，氮含量小于 0.5 ppm，硫含量小于 5 ppm，油品像水一样透明。

其次，煤间接液化得到的柴油，其十六烷值很高，可以达到 70 左右，远高于最新环保要求的十六烷值指标（柴油国六标准要求大于 51）。十六烷值是衡量柴油自燃能力的指标，这个指标越高，油品就越容易燃烧，燃烧效果就会越好。

最后，煤间接液化得到的油品，其油里面的芳香烃含量也很低，远低于最新环保要求的芳香烃含量指标（柴油国六标准要求其质量分数小于或等于 7%）。柴油里面的芳香烃是柴油发动机排放黑色颗粒的主要来源，芳香烃含量少了，柴油排放的颗粒物就会减少。这样可以减少机动车尾气污染。同时，还可以减少颗粒物排放，进而减少机动车尾气形成的雾霾。

3. 大型煤间接液化工厂

2009 年，我国建成了 3 个年产 16 万吨左右的煤间接液化合成油示范厂，它们分别是潞安煤制油公司、内蒙古伊泰煤制油公司和神华煤间接液化示范厂，为后续进一步扩大生产规模解决了很多大型工业化难题。此后，2015 年 9 月，我国第一个年产 100 万吨煤间接液化制油示范厂在陕西榆林成功投产；2016 年 12 月，宁夏宁东化工基地建成了全球最大规模的年产 400 万吨煤间接液化制油工厂，如图 2-30 所示。我国一跃成为煤间接液化制油领域的领跑者。

图 2-30　全球最大规模的宁夏宁东年产 400 万吨煤间接液化制油工厂

●甲醇合成油和煤焦油加氢

除了煤炭直接液化和间接液化制取油品外，还有两种工艺路线可以以煤炭为原料生产油品。一条是煤先气化后生产甲醇，甲醇再合成汽油（MTG）；另一条是将煤焦化（干馏），尤其是用低阶煤进行中低温干馏，在一定条件下对干馏出的煤焦油进行加氢反应，从而生产出柴油、汽油。目前这两种工艺在我国也已经产业化。

甲醇合成得到的汽油非常干净，这是因为在合成甲醇的过程中已经把杂质基本上都除掉了，基本无硫无铅。通过调节生产参数，甲醇合成的汽油可以满足不同车辆的加油需求。同时，由甲醇合成的汽油，抗爆震性能好，辛烷值在 90 ~ 95 之间（辛烷值是衡量汽油质量的一个指标，指标越高，表明该汽油质量越好），达到最新的汽油国六标准要求（89 ~ 95）。

另外，利用 MTG 技术，可解决高硫煤（目前高硫煤已被限制燃烧）化学转化问题；而利用煤焦油加氢技术可以对我国大量的低阶煤资源进行提质加工，从而提高低阶煤的品质和附加值。

六、天然气的重要补充：“煤变气”

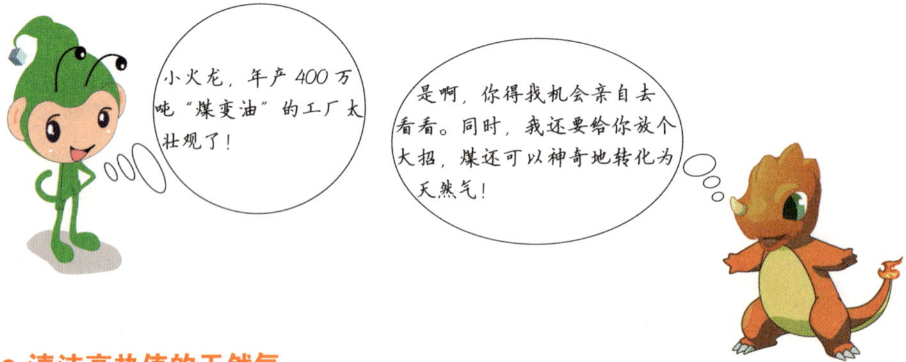

● 清洁高热值的天然气

广义上讲，天然气是指自然界中天然存在的一切气体，包括大气圈、水圈、生物圈和岩石圈中各种自然过程形成的气体。而人们长期以来通用的“天然气”定义，是从能量角度出发，指天然蕴藏于地层中的烃类和非烃类气体的混合物，其主要成分是甲烷（CH_4），热值非常高，在每标准立方米热能33.44兆焦（8000大卡）左右。

多数天然气蕴藏在地下多孔隙岩层中，主要包括油田气、气田气、煤层气、泥火山气和生物生成气等，去除有害物质后变成生活中使用的天然气。由于天然气燃烧只生成二氧化碳和氢气，所以非常清洁，被广泛应用于居民燃气、发电、化工、汽车燃料等领域（图2-31）。

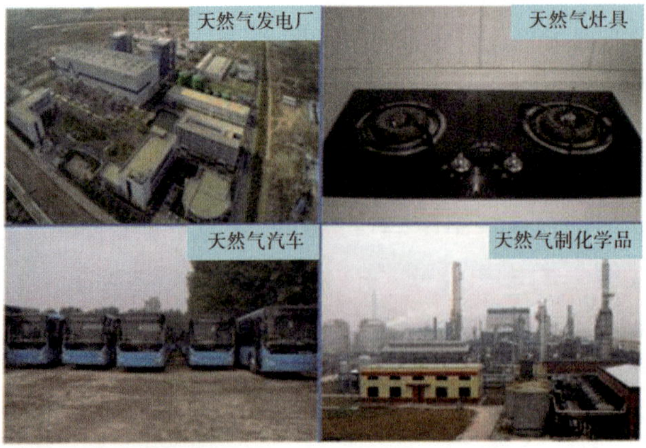

图2-31 天然气主要用途

随着我国人民生活水平的提高及工业生产的快速增长，天然气作为一种安全、方便、清洁、优质、高效的能源，其需求量逐年增长。尽管国内天然气产量正逐年攀升，但其产量远远赶不上需求量，因此每年仍需从国外进口大量天然气。据统计，2016 年我国天然气产量 1369 亿米^3，进口量 721 亿米^3，而消费量达到 2090 亿米^3，天然气对外依存度接近 35%。也就是说，35% 的天然气需要从国外进口，预计 2020 年对外依存度将达到 40%。但进口气受制于国际关系、恐怖主义活动、海盗、港口管制、气象以及海况等多种因素，非常不确定。因此，勘探开发出更多的天然气资源，以及寻求能替代天然气的能源资源对保障我国能源安全具有非常重要的意义。图 2-32 所示为建设中的中俄天然气管道示意图。

图 2-32　建设中的中俄天然气管道示意图

一提到天然气，就不得不提到我国西部大开发战略中的“西气东输”。“西气东输”是我国距离最长、口径最大的输气道管，西起塔里木盆地的轮南，东至上海，将西部天然气输送到祖国的东部。全线采用自动化控制，东西横贯新疆、甘肃、宁夏、陕西、山西、河南、安徽、江苏、浙江、上海 10 个省市区，全长 4200 千米，管道输气规模设计为每年 120 亿米^3。

此外，我国从中亚进口天然气也是通过西气东输二线输送到我国东部地区。“西气东输”工程是西部大开发宏伟战略的一个重要内容，它把西部的资源和东部的市场连接起来，促进了中西部的发展。同时，让人口稠密经济发达的东部地区更多地采用天然气作为能源，对改善我国能源结构、保护环境具有深远的现实意义。

● 神奇的“煤变气”

要解决我国天然气的供需矛盾问题，除了立足国内现有资源外，必须多渠道、多方式扩大天然气资源供给，满足日益增长的市场需求。我国煤炭资源丰富，尤其是低变质程度煤的储量大，这部分煤不适宜长距离运输，需要就地加工利用，用其发展“煤变气”既可以对低阶煤清洁高效利用，也可以有效补充我国天然气资源的供给，符合国家节能减排的方针政策。

“煤变气”，即煤制天然气，简称煤制气，是指以煤炭为原料，制取的以甲烷为主要成分、符合天然气热值标准的气体。煤制合成天然气也常被称为煤制替代天然气、煤制代用天然气，也有人称为煤基合成天然气。

天然气主要由甲烷构成，因此“煤变气”实际上就是煤制甲烷。高碳的煤要转化变为一个碳的甲烷，如何转化？这是一件不容易的事儿，不仅需要催化剂和一定的温度压力，还要精心组织成套技术才行。

与“煤变油”一样，“煤变气”也可分为直接法“煤变气”和间接法“煤变气”。直接法也被称为“一步法”煤制合成天然气技术，间接法也被称为“两步法”煤制合成天然气技术。到目前为止，现实中的“煤变气”工厂均采用间接法。

● 直接煤制合成天然气技术

在20世纪70年代，美国Exxon等企业进行了催化气化制天然气研究，以正在进行商业化推广的蓝焰技术为例：将煤粉碎到一定粒度，与催化剂充分混合后进入流化床反应器，在催化剂的作用下与气化剂水蒸汽发生反应，生成 CH_4、CO、H_2、CO_2、H_2S 等。通过旋风分离器除去固体颗粒，在净化单元脱除硫化合物，经过气体分离将甲烷分出，得到产品气——合成天然气。我国新奥集团对此工艺也进行了研究，建成了 1 吨 / 天的小试装置并成功运行，为直接法生产煤制合成天然气技术的工业化奠定了基础。

● 现实中的“煤变气”技术（间接煤制合成天然气技术）

“煤变气”（间接法）整个生产工艺流程可简单描述为：原料煤在煤气化装置中与空分装置来的高纯度氧气和蒸汽在催化剂作用下进行化学反应制得粗煤气，粗煤气经耐硫耐油变换冷却装置和低温甲醇洗装置脱硫脱碳后，制成所需的净煤气；从净化装置产生富含硫化氢的酸性气体送至硫回收装置生产出硫黄；净煤气进入甲烷化装置合成甲烷，进而生产出优质的人工天然气；废水通过一系列处理后回收利用（图 2-33）。

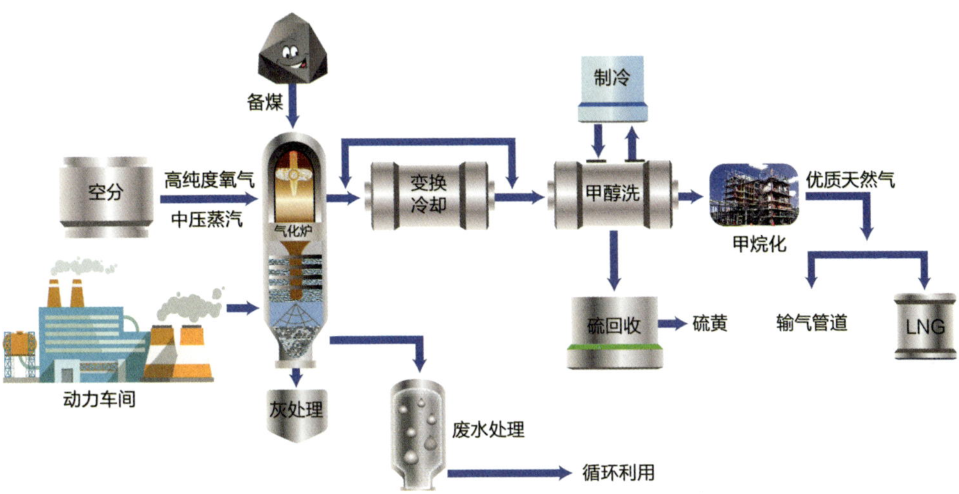

图 2-33　煤制气过程示意图

目前工厂中典型的生产装置包括：空分、气化炉；耐硫耐油变换；气体净化（低温甲醇洗）；甲烷化装置。辅助生产装置由硫回收、动力、废水处理等环保装置及其他公用工程等装置组成。

"煤变气"的工艺步骤如下：

第一是空分，目的是获得煤气化装置需要的氧气，并为煤制合成天然气主装置的正常运行提供氮气、仪表空气、工厂空气等。

第二是煤气化，就是以氧气、蒸汽为气化剂，将原料煤气化生产粗煤气。

第三是粗煤气变换、冷却，经过部分变换调节粗煤气中H_2与CO的比例，为粗煤气进入低温甲醇洗流程作准备。

第四是低温甲醇洗净化，主要是将变换、冷却后的粗煤气净化，脱除CO_2和H_2S等有害物质，达到进入下一工序——甲烷化的标准。

第五是甲烷化，让来自低温甲醇洗的气体通过多段甲烷化反应生产甲烷的过程。

第六是人工合成天然气的干燥和压缩。通过溶剂吸收干燥，对甲烷化过程出来的气体进一步增压脱水，以达到进入天然气管网的要求。

在以上几个步骤中，最重要的是甲烷化和煤气化。甲烷化是整个工艺的核心，甲烷化搞不好，就合成不出符合标准的天然气；而选择不当的煤气化工艺也会影响整个生产线的顺畅。

知识链接：低温甲醇洗

低温甲醇洗就是以冷甲醇为吸收溶剂，利用甲醇在低温下对酸性气体溶解度极大的优良特性，脱除原料气中酸性气体的过程。以煤为原料的化工生产中，粗合成气中含有大量多余的CO_2以及少量的H_2S、COS等酸性气体，这些酸性气体对生产是不利的，其中的硫化物会造成下游生产中的触媒（催化剂）中毒，必须将其脱除和回收。因此低温甲醇洗的技术核心就是酸性气脱除技术。

● “煤变气”的优势

“煤变气”产品中贡献热值的主要是 CH_4 和少量 H_2，其热值要求高于 31.4 兆焦 / 米^3，且生成过程中增设了合成气净化过程，使得煤制气中含硫组分的含量很低，所以“煤变气”可以替代常规天然气做饭、取暖和机动车燃气，并且由于其低硫的优点，排放比燃用常规天然气还要干净。

同时，煤制气不受运输管线限制，并具有调峰优势，一般常规油气田不具备调峰能力，最多 ±10%，峰谷比为 1.22；而煤制气装置淡季可以开到 75% 负荷，安排检修或转产其他产品，冬季开到 110% 的负荷，峰谷比为 1.46。

● 目前国内外煤制合成天然气项目概况

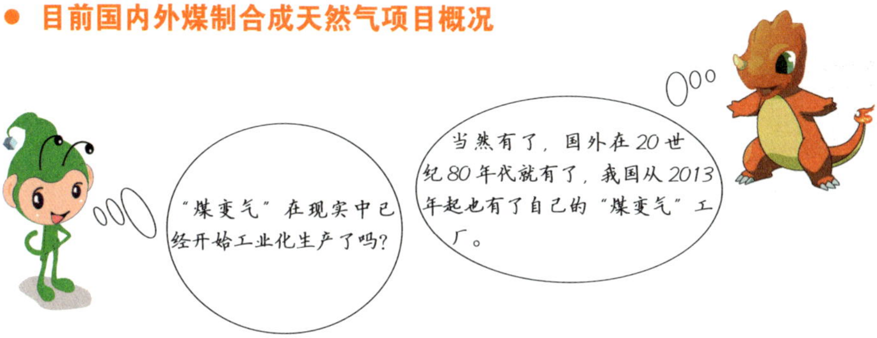

到目前为止，世界上已有 4 个煤制合成天然气项目商业化运营，2 个项目在建。其中国外有 2 家，美国大平原合成燃料厂设计日产 354 万米^3（标准）（年产约 14 亿米^3），目前运行情况良好；韩国浦项煤制合成天然气项目正在建设之中。国家发展和改革委员会首批共核准了 4 个煤制合成天然气项目，分别是内蒙古大唐克旗 40 亿米^3/ 年项目、辽宁大唐国际阜新 40 亿米^3/ 年项目、内蒙古汇能鄂尔多斯 16 亿米^3/ 年项目和新疆庆华伊犁 55 亿米^3/ 年项目。其中，大唐克旗项目一期 13 亿米^3/ 年、新疆庆华伊犁项目一期13.75 亿米^3/ 年工程、内蒙古汇能一期 4 亿米^3/ 年均已建成投产（图2-34），大唐阜新项目正在建设中。

大唐克旗煤制天然气

新疆庆华煤制天然气

内蒙古汇能煤制天然气

图 2-34　目前我国已投运的 3 个煤制天然气工厂

- **美国大平原合成燃料厂**

大平原合成燃料厂于 1974 年在南非萨索尔（Sasol）完成了北达科他州褐煤的工业化试烧，得到了关键结论和设计数据；分两期建设，第一期建设合成天然气 125 百万标准立方英尺（每天 354 万标准立方米），大平原合成燃料厂包括 14 台鲁奇固定床煤气化炉（Lurgi），日处理褐煤（粒度为 0.6 ~ 10 厘米）1.8 万吨。

一期工程于 1980 年开始建设， 1984 年 7 月 28 日生产出合格天然气，并于当年达到设计能力。1996 年建成日产 1000 吨合成氨装置。自 1999 年起，大平原合成燃料厂生产的 CO_2 卖给泛加拿大石油公司为其油田提高原油采收率。大平原合成燃料厂至今已稳定运行 30 多年，2013 年获得美国化学理事会 (ACC) 颁发的废物最少化、循环再利用奖。目前美国大平原合成燃料厂由美国北新电力合作集团（Basin Electric Power Cooperative）持有。

- **内蒙古大唐克旗煤制合成天然气项目**

大唐克旗煤制合成天然气项目是我国首个煤制合成天然气示范项目，核准建设规模为年产合成天然气 40 亿米^3（日产 1200 万米^3），分 3 个系列连续滚动建设，每系列年产 13.3 亿米^3，副产品有石脑油、焦油、硫黄、粗酚、硫铵等。

项目于 2009 年 8 月 20 日获得国家发展和改革委员会核准，2013 年 12 月 18 日项目一系列装置投运成功，正式并入管网，向中石油北京段天然气管线输送煤制合成天然气产品。投产以来，产品质量合格，生产运行基本稳定。

大唐克旗煤制合成天然气项目的最大特点是以劣质褐煤作为原料，也为我国大规模开发利用褐煤找到了一条重要途径。

● 新疆庆华煤制合成天然气项目

新疆庆华煤制合成天然气项目设计规模为每年 55 亿米^3，该项目共分两期建设，其中一期工程建设规模为年产 13.75 亿米^{3}煤制合成天然气。该项目位于新疆伊宁县伊东工业园区，由新疆庆华能源集团有限公司承建并运营，所产合成天然气全部通入西气东输管网外送。

项目于 2012 年 7 月 11 日获得国家发展和改革委员会核准，2013 年 12 月正式投产，向西气东输二线供气。投产以来，产品质量合格，装置生产运行基本稳定。

● 内蒙古汇能煤制天然气项目

内蒙古汇能年产 20 亿米^{3}煤制气项目于 2009 年 12 月获得国家发展和改革委员会核准，其中一期工程年产 4 亿米^{3}天然气于 2014 年 11 月 17 日建成投产，所产天然气全部用于生产液化天然气外售。装置开车成功后运行至今，目前装置的生产能力已经达到设计值。

● 辽宁大唐国际阜新煤制合成天然气项目

该项目是我国第3个经国家发展和改革委员会核准的煤制合成天然气项目，核准建设规模为年产40亿米^{3}煤制合成天然气（日产1200万米^3），与大唐克旗煤制天然气项目一样，也分3个系列滚动建设，每系列年生产合成天然气13.3亿米^3（400万米^3/天）。项目于2010年3月29日获得国家发展和改革委员会正式核准，目前正在建设中。

小贴士：举世瞩目的可燃冰

可燃冰是一种天然气水合物，是由天然气与水在高压低温条件下形成的类冰状的结晶物质，因其外观像冰一样而且遇火即燃，所以被称作“可燃冰”（图2-35）。可燃冰在自然界广泛分布在大陆永久冻土、岛屿的斜坡地带、活动和被动大陆边缘的隆起处、极地大陆架以及海洋和一些内陆湖的深水中。2017年5月，中国首次海域可燃冰试采成功。但需要说明的是，可燃冰的规模化开采尚需解决很多技术问题。

图2-35　可燃冰的外观和分子结构示意图

● 我国为什么要搞“煤变油气”

用煤来生产清洁的油气，主要目的是生产石油和天然气的替代能源。

近年来，随着我国国民经济的快速发展，人民生活水平也进一步提高，人均保有小汽车的数量大幅提高；同时，随着治理雾霾煤改气的需求，我国天然气消费也呈快速增长和供不应求的态势。这就导致我国石油、天然气的对外依存度不断刷新纪录。2016 年我国石油对外依存度已达 65%，天然气对外依存度也高达 34%。过多的大量进口油气能源资源，存在很多不确定的国际政治风险，直接关系到我国的能源安全。

而我国能源资源的禀赋特点是富煤缺油少气。我国煤炭资源丰富、煤种齐全，而且保有储量高达 10000 亿吨以上，可采量位居世界第三、产量位居世界第一。同时，大型工业化的煤制油气示范项目，尤其是“煤变油”示范项目通过多年运营，工艺技术已经成熟，并能正常生产运营。因此，掌握了“煤变油”工业化的核心技术就可以提高我国在石油、天然气资源进口议价时的话语权，适当布局“煤变油”项目可以摆脱对进口原油、天然气的过度依赖，并可多元化降低石油、天然气供给不足的风险。

据估计，15 家商业化规模的“煤变油”工厂的油品产量将可以替代我国 2020 年石油进口量的 15%，这将大大缓解我国石油对外依存的现状。同时，通过实测和试用，“煤变油”与常规石油基燃料相比，具有比重大、相同体积热值更高、低凝点、低硫、低氮等优异性能，具有军用及航空航天领域特种燃料的潜质，在民用上也可以为提升机动车用油品质作相应贡献。而无硫“煤变气”的燃烧及其发电比起天然气会更加清洁。

因此，在我国适当发展“煤变油气”对保障我国能源安全具有重要的战略意义。但不能无序发展，目前主要是在示范成功的基础上进行示范升级发展，不能盲目扩张。

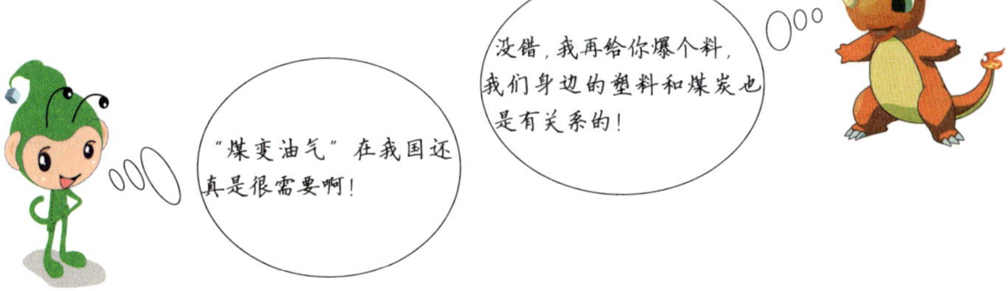

七、身边的“白色”煤炭：煤与塑料

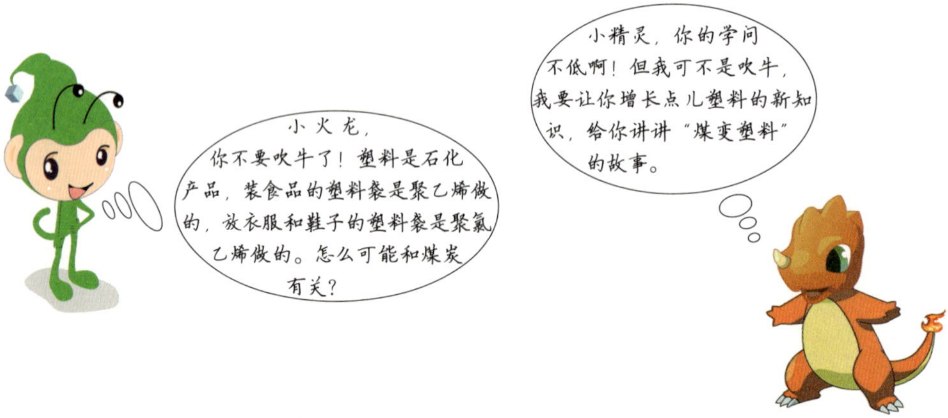

目前，我国是塑料的生产、消费和进出口大国。在日常生活中，我们身边被各式各样的塑料制品包围着，而我们对这些塑料又有多少了解呢？

● 琳琅满目的塑料

塑料已成为人们生活中不可缺少的必需品，但是大部分人对它的了解并不多。塑料并不是单一的材料，而是一类材料的统称，主要是人工合成的高分子化合物。相比其他材料，人类使用塑料的历史仅有 100 多年，但是塑料的种类却已达百余种，且功能迥异。常见的有聚乙烯（PE）、聚丙烯（PP）、聚氯乙烯（PVC）、聚苯乙烯（PS）、丙烯酸—丁二烯—苯乙烯聚合物（ABS）、聚甲基苯烯酸甲酯和氨基塑料等，其中聚乙烯、聚丙烯及其衍生品的产量和用量最大。

除了通用塑料，还有一类具有较高力学性能及耐高温、耐腐蚀的工程塑料，可以作为结构性材料，具有优异的综合性能，可在较宽泛的温度范围内和较长的时间内良好地保持这种性能，并能在承受机械应力和较为苛刻的化学、物理环境中长期使用。工程塑料又可分为通用工程塑料和特种工程塑料两类，具体如图 2-36 所示。

五大通用塑料	五大通用工程塑料	五大特种工程塑料
聚乙烯 (PE)、聚丙烯 (PP)、聚苯乙烯 (PS)、聚氯乙烯 (PVC)、丙烯腈-丁二烯-苯乙烯共聚物 (ABS)	聚酰胺 (PA)、聚碳酸酯 (PC)、聚甲醛 (POM)、聚酯 (PBT 和 PET)、聚苯醚 (PPO)	聚苯硫醚 (PPS)、聚砜 (PSU)、聚醚醚酮 (PEEK)、聚酰亚胺 (PI)、液晶聚合物 (LCP)

图 2-36　塑料的主要种类

另外，目前很多人并不关心塑料的材质，其实日常生活中常见的塑料瓶上都有它自己的“身份证”。就是一个被箭头围绕着的数字，不同的数

编码	物料	应用举例
1 PETE	聚对苯二甲酸乙二醇酯	常见于矿泉水瓶、碳酸饮料瓶等饮料容器。这类瓶子不能放在汽车内晒太阳，不能装酒、油等物质
2 HDPE	高密度聚乙烯（硬性软胶）	常见于白色药瓶、清洁用品、沐浴产品。不要用来做水杯，或者做储物容器装其他物品
3 PVC	聚氯乙烯	常见于雨衣、建材、塑料膜、塑料盒等。可塑性优良，价钱便宜，故使用很普遍
4 LDPE	低密度聚乙烯	常见于保鲜膜、塑料膜等。高温时有有害物质产生，有毒物质随食物进入人体后，可能引起乳腺癌、新生儿先天缺陷等疾病
5 PP	聚丙烯（百折胶）	常见于豆浆瓶、优酪乳瓶、微波炉餐盒，熔点高达 167℃，是唯一可以放进微波炉的塑料制品，可在小心清洁后重复使用
6 PS	聚苯乙烯（硬胶）	常见于碗装泡面盒、快餐盒。不能放进微波炉中，以免因温度过高而释放出有害化学物质
7 OTHER	其他所有未列出之树脂及混合物	其他树脂或合成制品

图 2-37　不同材质塑料说明

字意味着不同的材质。不同材质的塑料有不同的用途，各有各的注意事项，如图 2-37 所示。

● 塑料的“前身”—— 烯烃

塑料发展到今天，已经让人类离不开它了。那么塑料到底是什么？从刚才的图例里，大家可以看到很多和“烯”有关的名称，这些名称都是生产塑料的小分子有机物。这些小分子中以烯烃分子为主，烯烃是指一系列含有不饱和碳碳双键的碳氢化合物，其中含 2 个碳的乙烯和 3 个碳的丙烯是产量最大且最主要的低碳烯烃，也是最基础的化工原料之一，在现代石油和化学工业中占有举足轻重的作用，具体分子结构简图如图 2-38 所示。它们不仅是高分子合成中的重要单体，也是合成树脂、合成橡胶、塑料和合成纤维的最主要原料。因此，我们把“烯烃”叫作塑料的“前身”。

在塑料产业中，五大通用塑料均可通过烯烃来合成，乙烯及丙烯不仅可以直接聚合为聚乙烯及聚丙烯，也可以作为原料生产聚氯乙烯、聚苯乙烯及 ABS 塑料。在化纤产业中，乙烯则可用于制备环氧乙烷（一种光谱灭菌剂，可在常温下杀灭各种微生物），进而生产聚酯的主要原料之一——乙二醇。此外，低碳烯烃还可以用来生产醇类等化工原料。

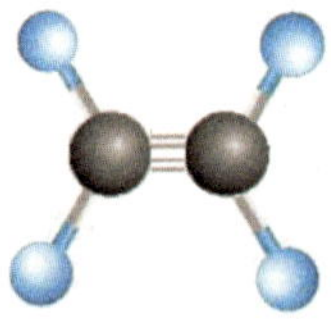

乙烯 C_2H_4

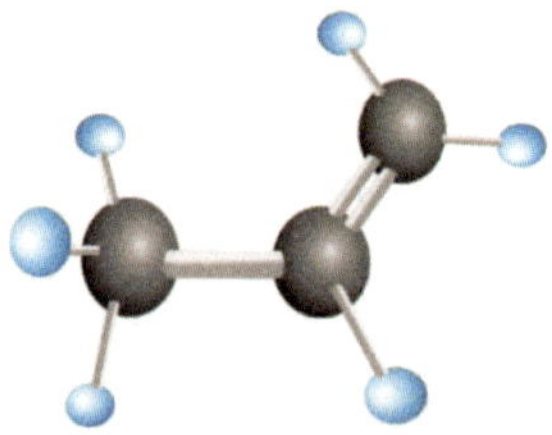

丙烯 C_3H_6

图 2-38　乙烯、丙烯分子结构简图

通常情况下，乙烯是一种无色稍有气味的气体，密度为 1.25 克 / 升，比空气的密度略小，难溶于水，易溶于四氯化碳（CCl_4）等有机溶剂。乙烯是石油化工的基础原料，是衡量一个国家石油化工发展水平的重要标志之一。丙烯常温下为无色、无臭、稍带甜味的气体。其分子量为 42.08，不溶于水，溶于有机溶剂，属低毒类物质。丙烯是仅次于乙烯的重要有机化工原料。

2015 年，我国乙烯产能 2154 万吨，产量 1999 万吨，净进口量 152 万吨，表观消费量 2150 万吨，但乙烯当量消费量高达 4030 万吨，当量自给率仅 49.6%。可见我国乙烯的当量消费量缺口较大，每年都需要大量进口。2016 年我国乙烯产能增至 2304 万吨 / 年（新增产能全部来自煤制烯烃和甲醇制烯烃），产量达 2171 万吨，当量自给率增至 52.5%。2016 年我国丙烯产能增至 3339 万吨，产量达 2542 万吨，当量自给率由 2015 年的 72.6% 增至 75.2%。

制备烯烃都用哪些化工原料？制备乙烯和丙烯的原料有很多种。但约有 50% 的烯烃来源于传统石油化工的石脑油、乙烷、丙烷和丁烷（图 2-39）。

如何从石油中获取烯烃？蒸汽热裂解是最主要的生产工艺（图 2-40）。全球 95% 以上的乙烯和 60% 以上的丙烯来源于蒸汽裂解过程。炼油厂催化裂化（FCC）生产汽、柴油副产品的丙烯约占全球丙烯产量的 30%，是丙烯的另一个重要来源。此外，还有乙烷、丙烷催化脱氢制烯烃技术。而现在正在兴起的是以煤为原料制烯烃。

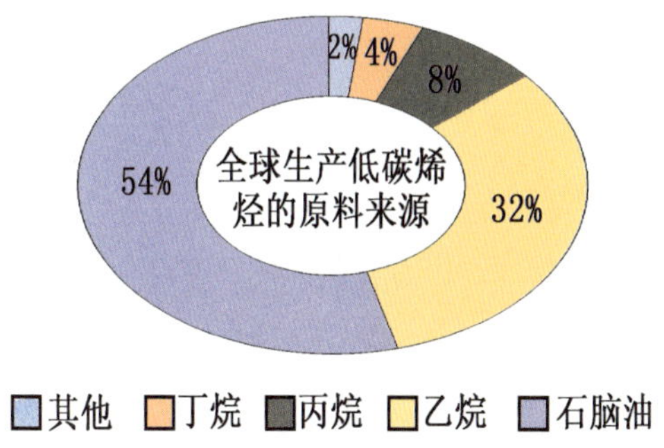

图 2-39 全球生产低碳烯烃的原料来源

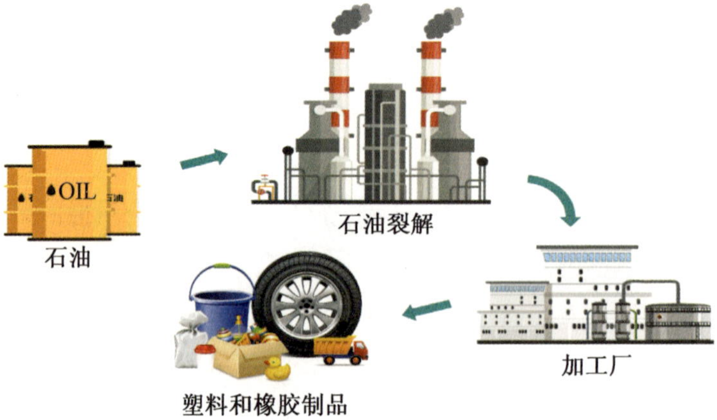

图 2-40　以石油为原料生产烯烃过程简图

为什么可以用煤作为烯烃的生产原料？这还得从烯烃的生产成本说起。生产烯烃的原料成本占烯烃总生产成本的 70% ~ 75%。由于世界各国各地区能源禀赋不同，烯烃原料构成也存在差异。在国际石油价格高企时，一些石油资源匮乏的国家，烯烃的原料成本非常高，寻求替代原料制烯烃就成为一种选择。近年来，美国页岩气开发利用成功，从中可获取廉价的乙烷来生产乙烯，替代了过去制备乙烯的石化产品，大大降低了乙烯的生产成本。而我国煤炭资源丰富，自然会想到用煤炭替代石化产品来做生产烯烃的原料。

● 传奇的煤制烯烃 DMTO 技术工艺

煤怎么能变成烯烃呢？

煤是一个高碳分子，乙烯（C_2H_4）、丙烯（C_3H_6）才 2 个碳和 3 个碳，差别很大呀！但为了使我国重要的基础化工原料烯烃不受制于紧缺的石化产品，我国某研究所的科研工作者从 20 世纪 80 年代就开始进行研发。

煤制烯烃主要包括煤气化、合成气净化、甲醇合成、甲醇制烯烃、烯烃聚合 5 项核心技术，前 4 个环节如图 2-41 所示。其中煤气化、合成气净化、甲醇合成和烯烃聚合技术均已实现商业化，是很成熟的技术，阻碍煤制烯烃发展的不是这些技术，而是甲醇制烯烃的催化剂。所以要把煤变成烯烃，关键是甲醇生成低碳烯烃过程中催化剂的研发。

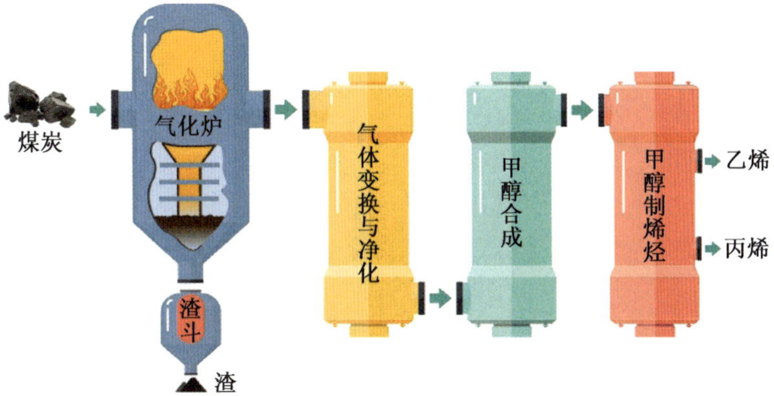

图 2-41　煤气化得到甲醇，再由甲醇制烯烃的工艺示意图

20 世纪 70 年代，美国 Mobil 公司最早提出甲醇制烯烃工艺，并开始研发甲醇制烯烃的催化剂，在研究甲醇使用 ZSM-S 催化剂转化为含氧化物时，发现了甲醇制汽油（MTG）反应。MTG 开发成功后促进了甲醇制烯烃（MTO）工艺的开发。MTO 研发的重点是催化剂的改进，以提高低碳烯烃的选择性（即在反应中生成更多的低碳烯烃）。但该公司最初开发的 ZSM-S 催化剂，乙烯收率才 5%，后来环球石油公司（UOP）开发出以 SAPO-34 为活性组分的 MTO-100 催化剂，其乙烯选择性明显优于 ZSM-S，使 MTO 工艺取得突破性进展，乙烯和丙烯的选择性收率分别提高到 43% ~ 61.1% 和 27.4% ~ 41.8%。

甲醇制乙烯（MTO）及甲醇制丙烯（MTG）的催化反应的主要反应式为

$$2CH_3OH \rightarrow C_2H_4+2H_2O$$

$$3CH_3OH \rightarrow C_3H_6+3H_2O$$

我国开展这项研究的某研究所的科研进展怎么样呢？首先，科研过程是异常艰辛而曲折的。经过无数次失败，他们研制出固定床催化剂，并在 1985 年完成了实验室小试。1995 年在国际上首创性地提出“合成气经由二甲醚制取低碳烯烃新工艺方法”，并完成了年产 60 吨烯烃的中试，但当时赶上了国际油价下跌，想尽快工业化的希望变得很渺茫。1998 年，争取到 100 万元研发经费的该研究所，将过去的工艺改为“合成气经由甲醇制取烯烃工艺”，并进一步深入研发甲醇制烯烃催化剂的选择性。经过不懈努力，终于得到了乙烯和丙烯选择性高于 80% 的好成绩。之后，他们积极寻求产业化合作方，加快工业化。

2004 年，该研究所开始与陕西某大型煤炭企业合作，2006 年工业化试验宣告成功。但当时陕西煤制烯烃项目还未经国家批准，而内蒙古包头的煤制烯烃项目已经国家核准，并开始建设。得知这个好消息后，原本打算采用国外技术的包头项目立即决定采用国内技术。这样就给了他们极大的鼓励和鞭策。通过不懈奋战，终于在 2010 年 8 月获得全球首个煤制烯烃工业化示范项目的成功。这个国有自主知识产权的煤制烯烃技术就叫 DMTO 煤制烯烃技术。

在 2014 年度国家科学技术奖励大会上，“甲醇制取低碳烯烃”项目获该年度国家技术发明一等奖。

现在该研究所已开发出 DMTO-Ⅱ催化剂，甲醇转化率接近 100%，与 DMTO 一代技术相比，乙烯和丙烯选择性、甲醇单耗及催化剂消耗等各项技术指标均有较大幅度的改进，每吨烯烃耗用的甲醇量降低 10% 以上，使原料成本大幅降低。甲醇在催化剂上的反应如图 2-42 所示。

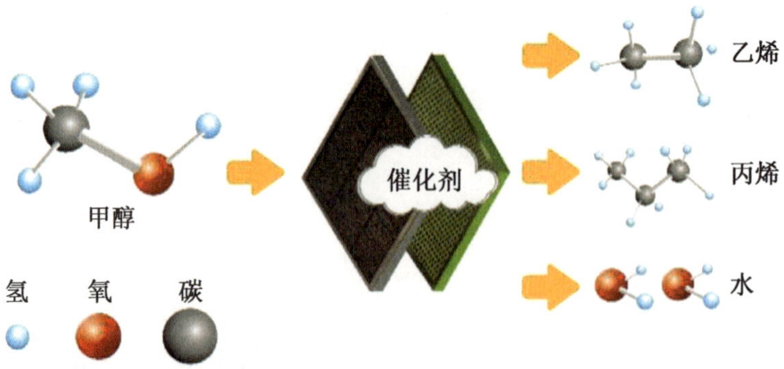

图 2-42　甲醇在催化剂上的反应

经过多年努力，甲醇制烯烃已经成功工业化，而且催化剂也通过了长周期运转的严酷考核。内蒙古包头煤制烯烃工厂是全球首个由煤基甲醇生产烯烃的工业项目，产能达到60万吨。可年产30万吨聚乙烯和30万吨聚丙烯，同时还可以生产其他低碳化工品（图2-43）。

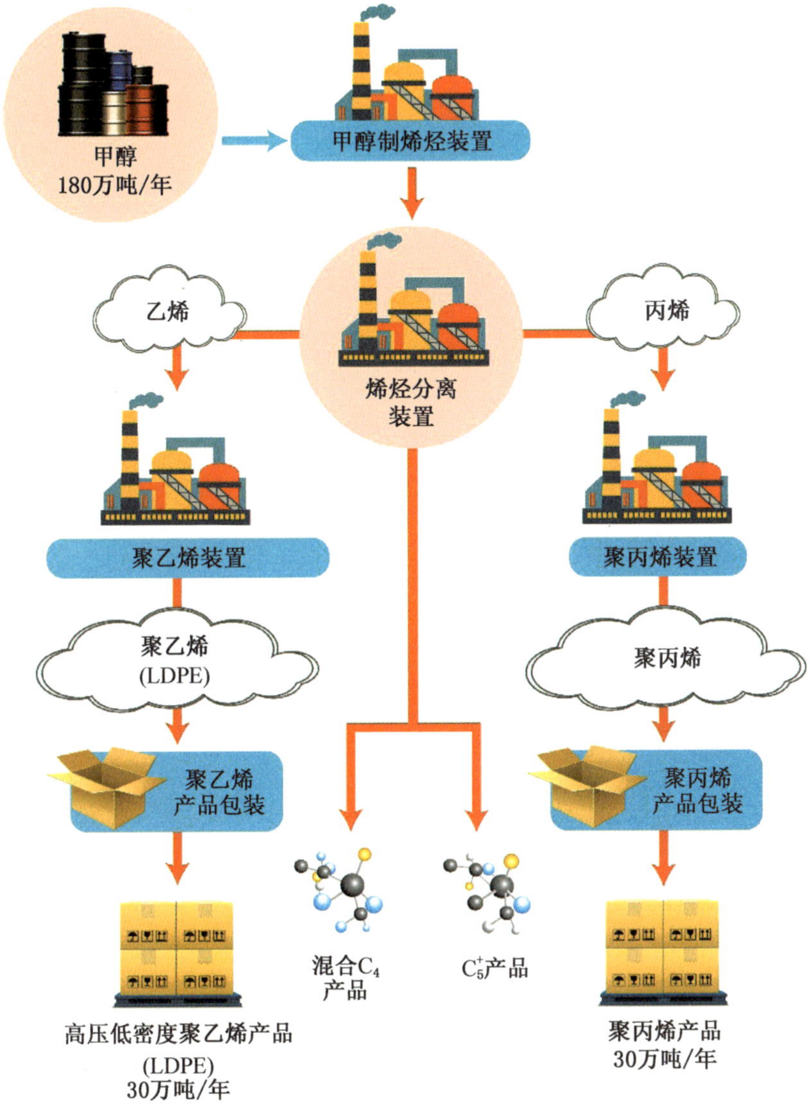

图2-43　内蒙古包头煤制甲醇、甲醇制烯烃生产工艺示意图

在甲醇制烯烃项目工业化过程中，技术研发主要集中在高性能分子筛催化剂的开发上，重点开发选择性高、耐磨损、长期水热稳定的适用于流化床的催化剂。

我国已在世界范围内率先实现了煤制烯烃产业化，在高油价条件下，煤制烯烃、甲醇制烯烃与石脑油蒸汽裂解工艺相比，具有明显的成本优势，在“十二五”期间发展迅速。

截至2016年底，国内已有11套煤制烯烃、16套甲醇制烯烃、11套丙烷脱氢（含2套混合脱氢）装置投入产业化运营，合计总烯烃能力1759万吨/年，占国内乙烯总能力的21.7%、丙烯能力的38.4%。但自2014年下半年以来，国际油价呈断崖式下跌，使得煤制烯烃、甲醇制烯烃相对传统石脑油蒸汽裂解的成本优势显著下降。预计“十三五”期间，国际油价仍将低位运行，虽然煤制烯烃、甲醇制烯烃仍有发展机会，但竞争优势不明显，所以煤制烯烃产业应科学规划、合理布局，进一步优化产品结构，实现差异化适度发展。

● 酒精的异样“小兄弟”——甲醇

通过上面的讲述，我们得知煤制烯烃，首先要先制得甲醇。而甲醇这个中间产物非常重要，它可是活泼多变的化工小能手呢！

提起甲醇，大家可能不太熟悉，但甲醇（CH_3OH）的“兄弟”乙醇（CH_3CH_2OH），即酒精，就都知道了，因为乙醇是白酒的主要成分。但甲醇和乙醇的“性格”差别特别大，甲醇毒性很强，而乙醇是无毒的。甲醇同乙醇类似，在常温常压下都呈无色透明，且易挥发、可燃，还略带些醇香的味道。

在工业酒精中约含4%的甲醇，我国曾经出现过几次大范围的假酒制死案件，罪魁祸首就是不法分子利用工业酒精制作假酒，饮用后会发生甲醇中毒，甲醇的致命剂量大约是70毫升。

甲醇是重要的基础化工原料，广泛应用于医药、农药、涂料、染料、塑料、合成纤维、合成橡胶等领域，其传统的下游产品有甲醛、醋酸、甲基叔丁基醚（MTBE）、苯二甲酸二甲酯（DMF）、甲胺、甲烷氯化物等（图 2-44）。

图 2-44　甲醇及其下游化工品

甲醇还可掺入汽油作汽车燃料用，并且燃烧情况良好，尾气中污染物也较少。2009 年 7 月国家标准化管理委员会颁布了《车用甲醇汽油（M85）》标准，并在山西省等地开展甲醇汽车试点工作。甲醇汽油的地方标准有浙江省的《车用甲醇汽油（M15）》《车用甲醇汽油（M30）》《车用甲醇汽油（M50）》，2010 年 4 月浙江省衢州市开始启动甲醇汽油试点。

2015 年全世界甲醇总产能达 12000 亿吨 / 年，产量 8049 万吨；我国 2016 年甲醇产能达 7006 万吨。目前工业上几乎都采用一氧化碳、二氧化碳在催化剂的作用下与氢气反应生成甲醇。国际上主要以天然气和煤炭为主要原料通过化学反应生产 CO、CO_2 和 H_2。由于我国煤炭资源相对丰富，所以煤炭是国内最主要的甲醇生产原料（图 2-45），占总产能的 72.3%，天然气制甲醇装置占总产能的 13.2%，其余多为煤炭焦化尾气制甲醇装置。

图 2-45　煤气化得到的 CO_2 和 H_2 通过催化剂生成甲醇

八、舒适靓丽的衣料：煤与化纤

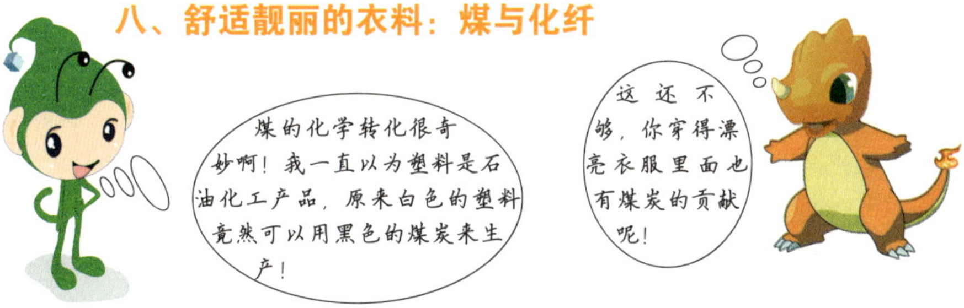

绚丽多彩的聚酯纤维

图 2-46　五彩缤纷的涤纶线

2014 年我国聚酯纤维产量达 2500 万吨以上，占化学纤维（化纤）总量的 80% 以上，俗称涤纶或化纤。这些聚酯纤维颜色鲜艳、外观挺括、热稳定性好，还可与棉、毛、丝、麻等天然纤维和其他化学纤维混纺交织，制成花色更加繁多、挺括、易洗易干、可穿性能良好的仿毛、仿棉、仿丝、仿麻织物（图 2-46、图 2-47），适用于服装、室内装饰织物和地毯等。

聚酯纤维还具有良好的弹性和蓬松性，也可用作絮棉。工业上高强度的聚酯纤维可用作轮胎帘子线、运输带、消防水管、缆绳、渔网等，也可用作电绝缘材料、耐酸过滤布和造纸毛毯等。用聚酯纤维制作的无纺布可用于室内装饰物、地毯底布、医药工业用布、絮绒、衬里等，用途十分广泛。

图 2-47　聚酯纤维衣料

小贴士：聚酯纤维的发明及发展

1941 年，英国的 J.R. 温菲尔德和 J.T. 迪克森以对苯二甲酸和乙二醇为原料在实验室内首先研制成功聚酯纤维，命名为特丽纶 (Terylene)。1953 年，美国开始生产商品名为达可纶 (Dacron) 的聚酯纤维。随后聚酯纤维在世界各国得到迅速发展。1960 年聚酯纤维的世界产量超过聚丙烯腈纤维，1972 年又超过聚酰胺纤维，成为合成纤维的第一大品种。

聚酯纤维的基础原料——乙二醇

那么用什么原料可以生产出具有广泛用途的聚酯纤维呢？一种基础化工原料乙二醇是生产聚酯纤维的主要原料。

乙二醇（Ethylene Glycol，EG）又称“甘醇”，是一种无色、无臭、有甜味的黏稠液体，沸点为 197.85℃。乙二醇是一种非常重要的石油化工基础有机原料和战略物资，主要用于生产聚酯纤维。同时乙二醇还可以用于生产防冻剂、不饱和聚酯树脂、润滑剂、增塑剂、非离子表面活性剂以及炸药、涂料、油墨等，用途十分广泛。其中涤纶的主要品种聚对苯二甲酸乙二醇酯聚酯（PET）是我国乙二醇的主要消费领域，其消费量约占国内乙二醇总消费量的 94.50%，生产防冻剂的乙二醇占消费量的 2.80%，其他用于生产黏合剂、油漆溶剂、耐寒润滑油、表面活性剂以及聚酯多元醇等产品的乙二醇占消费量的 2.70%。

随着全球聚酯类产品市场消费的急剧增长，全球乙二醇产业发展很快。2016 年全球乙二醇产能为 3747 万吨，其中我国的乙二醇生产能力在 930 万吨，占全球约 27%。近 10 年来，我国乙二醇消费保持约 9% 的稳定增长率，但自给率仅 40% 左右，仍存在巨大的市场缺口。

那么乙二醇是如何生产出来的？

目前主要有石油天然气路线和非石油天然气路线两种途径。“石油路线法”的路线有两种：一种是目前普遍采用的路线，石油→石脑油→乙烯→环氧乙烷→乙二醇，其产能占国外乙二醇产能的 80% 左右；另一种是中东地区及北美地区采用的路线，天然气中的乙烷→乙烯→环氧乙烷→乙二醇，其产能占国外乙二醇产能的 20% 左右。而非石油路线主要是指煤制乙二醇的技术工艺。

"煤变乙二醇"

为了弥补我国乙二醇消费的巨大缺口，我国开始研发煤制乙二醇的技术工艺。近两三年，我国以煤为原料生产乙二醇的技术工艺已成功工业化，煤制乙二醇产能接近 290 万吨，占国内乙二醇产能的 32%。目前国内以煤为原料制备乙二醇，主要有以下 3 种方法。

烯烃法：以煤为原料，通过煤的气化得到合成气（CO 和 H_2），合成气生产甲醇，再利用甲醇制烯烃技术得到乙烯，后续技术与"石油路线法"类似，再经乙烯氧化生产环氧乙烷、环氧乙烷水合得到最终的乙二醇。该过程将煤制烯烃与传统石油路线乙二醇相结合，技术较为成熟，但成本相对较高。

直接法：以煤气化制取合成气，再由合成气一步直接合成乙二醇。此技术的关键是催化剂的选择，技术开发难度特别大，在相当长的时期内难以实现工业化。

草酸酯法：煤气化制取合成气，让合成气发生气相反应合成乙二酸酯（草

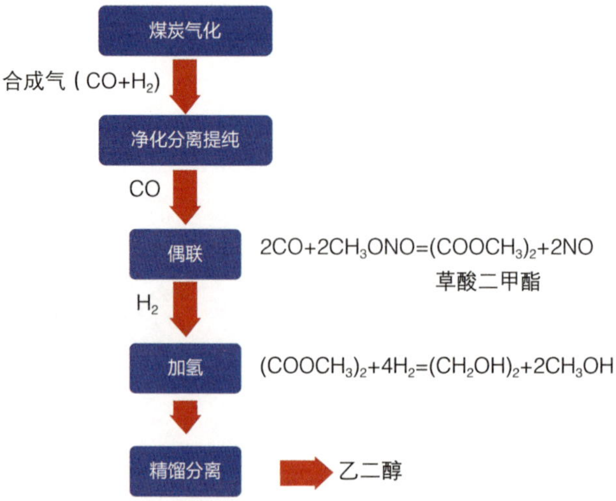

图 2-48　草酸酯法煤制乙二醇工艺示意图

酸酯），草酸酯再加氢生产乙二醇的两步法技术路线（图 2-48）。

上述 3 种方法中的草酸酯法，因为其工艺流程短、成本低，是目前国内关注最高的煤制乙二醇技术。通常所说的“煤制乙二醇”就是特指该工艺。截至 2017 年 2 月，国内投产和试车成功的煤制乙二醇项目共 12 个，年产能达到 212 万吨，说明煤经合成气制草酸酯合成乙二醇的路线已经安全、长周期、高负荷运行，有些企业最高生产负荷达到 110%。用草酸酯法生产出的乙二醇品质符合聚酯行业要求，并在聚酯长丝行业得到了稳定应用。

近几年，我国新建和拟建乙二醇项目多数属于煤制乙二醇。这一自主知识产权技术的研发成功，标志着我国在世界上率先实现了全套“煤制乙二醇”技术路线和工业化应用，并可替代传统的石油天然气技术路线生产乙二醇，符合我国缺油、少气、煤炭资源相对丰富的特点，将有效缓解我国乙二醇产品的供需矛盾，对国家的能源和化工产业产生积极影响，并具备显著的社会经济效益。

小贴士：我国首套煤制乙二醇工业示范工程

内蒙古通辽 20 万吨 / 年煤制乙二醇装置是世界首套采用煤制合成气合成草酸酯生产乙二醇的技术路线，2010 年 6 月顺利产出合格的乙二醇产品，装置成功实现工业化运行，2011 年 11 月成功达产，结束了当时国内外只能采用石油技术路线来生产乙二醇的历史。

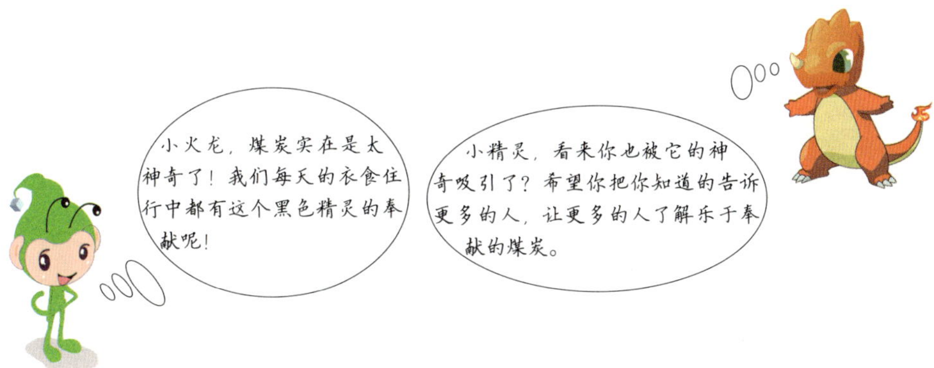

第三篇 受伤的生态，科技的魔力

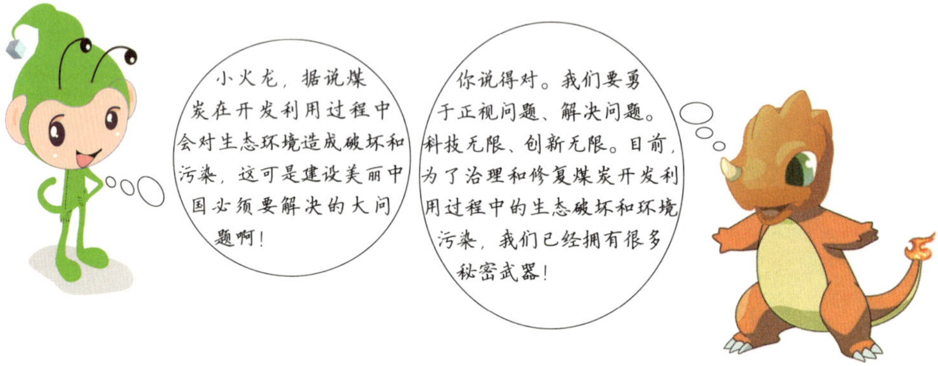

一、干涸的西部煤矿区，竟蓄起座座地下水库

● 枯竭的河流

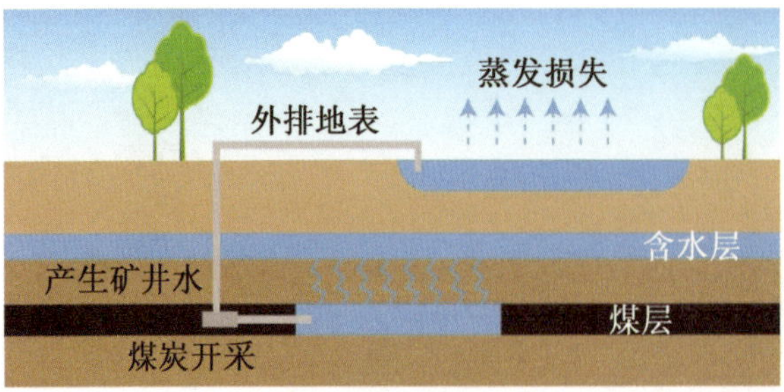

图 3-1　煤矿开采对含水层的破坏

煤炭开采会导致上覆岩层（煤层之上的岩层）的破坏，当覆岩破坏高度波及含水层时，会导致含水层中的水沿岩层中裂隙直接流到井下采空区，使煤系地层中的水和松散层中的水迅速向下渗透，形成了区域性地下水位降落漏斗，浅层以及中层的地下水在这种情况下会逐年枯竭（图 3-1）。

当含水层中的水下渗到采空区时会导致含水层中水位下降，严重的话，将导致人们吃水的井水干涸，河流枯竭，甚至直接影响附近居民的吃水问题，并导致地表植被因为缺水而枯死（图 3-2、图 3-3）。

图 3-2　河流枯竭

图 3-3　井水干涸

下面以山西省为例来说明。

山西省是我国重要的煤炭生产基地，煤炭产量占全国煤炭总产量的 1/4 以上，而山西省人均水资源量仅为全国平均水平的 1/5，在全国 31 个省、市、自治区水资源指数（依据人均、亩均、单位面积平均水资源量）排序中列第 29 位。随着煤炭矿产的大量开采，对水资源的破坏也日益严重，使原来就紧缺的水资源形势更加恶化。

霍州某矿煤炭开采过程中每天排放矿井水上万立方米，把郭庄泉的优质岩溶地下水变成了团柏河的矿坑污水，导致郭庄泉流量锐减。又如太原市几个矿区在开采煤炭同时还严重超采了泉域地下水，导致著名的晋祠泉于 1994 年完全断流，且地下水位以每年 2 米的速度下降。

山西某大型煤矿井田影响区河道最大下沉约 3 米，河道已变形，对河道防洪安全构成了威胁。

同时，当含水层中的水下渗到采空区后会向低洼的地方汇集，导致井下积水，使井下的工作环境变得更加恶劣。这就需要将井下汇集的水通过水泵输送到井底水仓，然后再排至地表河流中。含水层中的水本是优质的地下水，但是在开采煤炭过程中，优质的地下水变成了矿井水，再排至地表河流，就大大降低了自然河流的水质。水质变坏主要体现在矿井水中含有硫酸钙镁、重碳酸钙镁、重碳酸钙，所以矿井水的硬度较大。同时，由于河道的水流量本来就不是很大，矿坑水进入河道后，河道的自净能力大大削弱，从煤矿井下带入的煤灰也会沉降到河道，对河道两旁植被的生长造成不利影响，并对人畜的饮水安全构成严重威胁（图 3-4）。

图 3-4　煤矿污水排放导致的严重后果

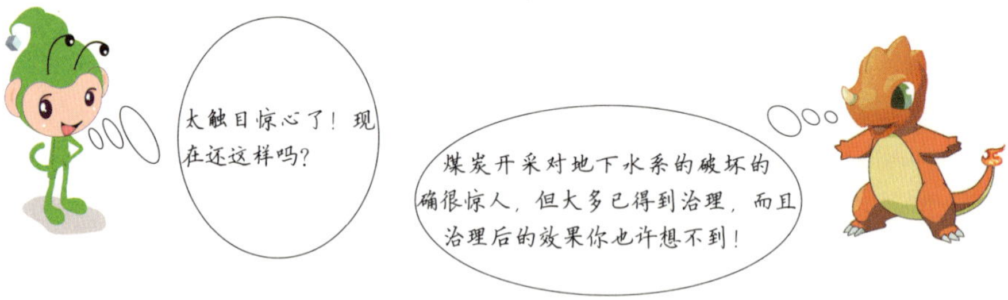

在煤矿建设地下水库

我国中西部煤炭储量占我国探明煤炭储量的 2/3 左右，但水资源量仅占 3.9%。所以，水资源短缺、生态脆弱和煤炭资源开发利用之间存在巨大矛盾。一般情况下，每开采 1 吨煤炭会产生 2 吨左右的矿井水，如果把煤炭开采产生的矿井水都外排至地表，在西部蒸发量比较大的地区，开采煤炭时产生大量的矿井水既对煤矿安全生产造成了威胁，也浪费了西部地区宝贵的水资源。同时，西北地区的煤炭资源一般埋藏较浅，煤层较厚，当进行煤炭开采时，导水裂隙带高度较大，很有可能波及含水层，造成水资源下渗到采空区。为了在获取煤炭资源的同时对水资源进行保护以解决煤矿开采对水资源的破坏与浪费的难题，中国工程院院士顾大钊提出了建设煤矿地下水库储用矿井水的技术思想。

传统的保水开采都是采取堵截方式使含水层中的水体不下渗到采空区，而建立地下水库却采取变堵为疏的方式（图 3-5），可以井下采空区岩体空隙作为储水空间，将采空区周边安全煤柱用人工坝体连接形成水库坝体，利用井下采空区岩体对矿井水的净化作用来实现矿井水井下处理。

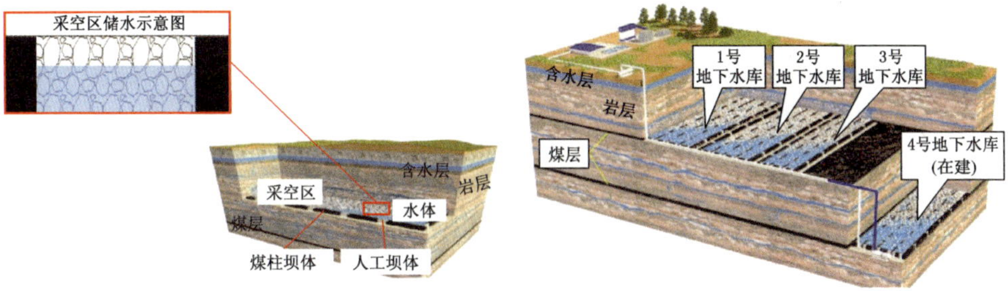

图 3-5　煤矿分布式地下水库

内蒙古神东矿区最先建成地下水库示范工程，目前该矿区已建成 35 座煤矿地下水库，那么这 35 座地下水库的储水量有多大呢？地下水库的储水总量为 3100 万米^3，如果按照西湖储水量为 1429 万米^{3}来看，地下水库的储水量相当于 2 个西湖的储水量。富含炭、结构疏松的矸石对水有很强的过滤、净化作用，经过检测，蓄积的地下水水质可以满足工业和绿化用水要求。

地下水库的建成使每天约 4500 米 ^{3} 的水被输送到地面，供地面生产单位使用。由地下水库中的水浇灌成长的榆树、山杏、沙棘、樟子松等植物让矿区郁郁葱葱，改变了原来煤矿尘土飞扬的面貌。并且这些地下水库并不影响煤矿的正常生产。

目前，地下水库能提供矿区 95% 以上的用水，不仅能够满足井下生产、地面生产用水的需求，还可以向周边电厂及煤直接液化制油工厂供水，使矿井从原来的用水大户变成现在的供水大户，在保护水资源的同时还获得了可观的经济效益（图 3-6）。

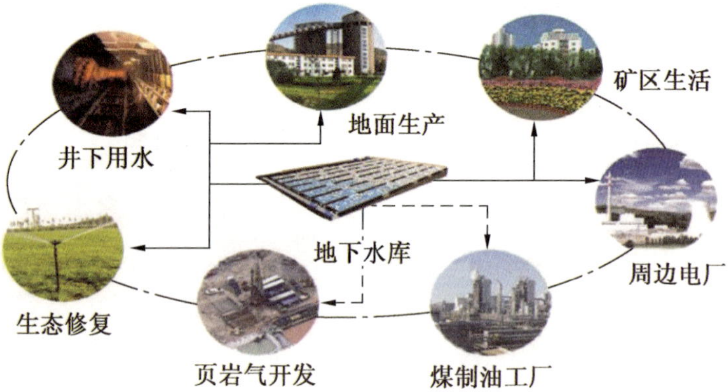

图 3-6　神东矿区由耗水大户变为重要的供水基地

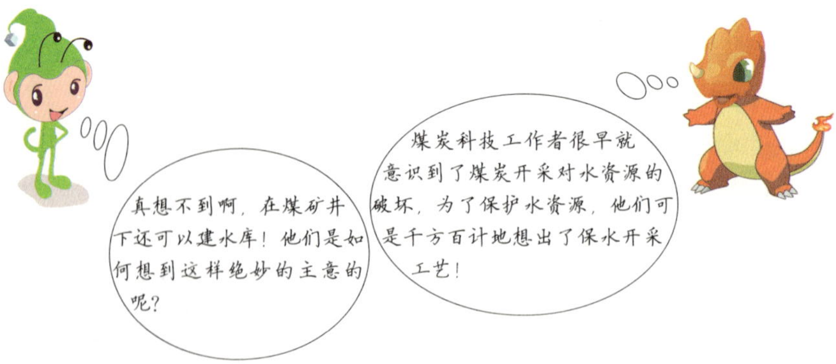

● 保水开采

1990 年 4 月 28 日和 12 月 20 日，陕北矿区的瓷窑湾煤矿先后发生了 2 次巷道冒顶事故，虽然涌入矿井的水不多，但大量的沙掩埋了巷道，并引起了地下水位的持续下降、水库干涸、泉流量迅速减少，小溪断流和植被枯萎。为此，水文地质专家韩树青和陕西省地质环境监测总站站长范立民等人进行了深入研究。他们通过对陕北水文地质进行实地勘探，提出陕西北部煤田开发应高度重视对萨拉乌苏组地下水的保护，并指出对于煤层开采导水裂隙带到达萨拉乌苏组含水层的区域，应采用充填式开采等保水采煤技术保护地下水。因此形成了我国保水开采理论的雏形。著名采矿学家钱鸣高院士在 2000 年提出了以控制煤炭开采上覆岩层“关键层”理论为基础的煤矿“绿色开采技术”，进一步完善了保水开采的技术理论体系。

小贴士：萨拉乌苏组

萨拉乌苏组是第四纪地层的一种，最早是 1923 年法国地质学家德日进、桑志华在内蒙古伊克昭盟南的萨拉乌苏河发现的。虽然关于萨拉乌苏组的形成时期目前还没有明确答案，但是根据地层中化石的 C^{14} 测定发现萨拉乌苏组距今 3 万～5 万年。萨拉乌苏组地层主要分布在陕西、内蒙古地区。由于萨拉乌苏组地层中有黏土存在，而黏土又具有隔水作用，因此萨拉乌苏组地层也是陕西、内蒙古地区的主要含水层。研究萨拉乌苏组地层对于陕西、内蒙古这些缺水地区的保水开采具有重要意义。

那什么是保水开采呢？保水开采最初的定义是这样的：在干旱或者半干旱地区进行煤层开采时，通过控制煤层上方的岩层移动使上覆岩层破坏形成的导水裂隙带高度不波及含水层，以维持含水层中的水位不发生显著

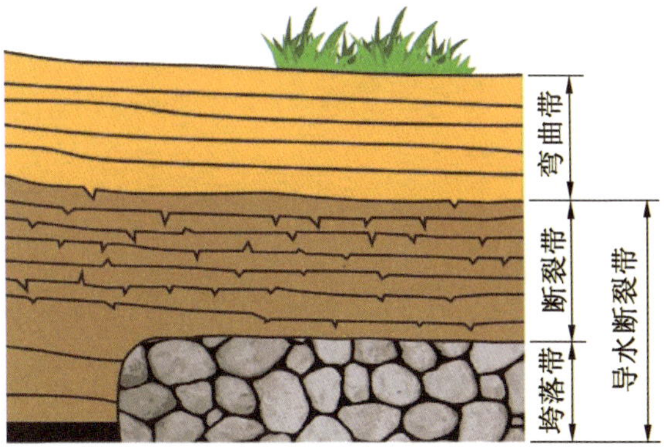

图 3-7　上覆岩层“三带”划分

变化，从而起到保水的作用。一般煤炭上覆岩层分为弯曲带、断裂带和垮落带，也有叫缓慢下降带、裂隙带和垮落带的，统称为“三带”。其中断裂带和垮落带常称为导水断裂带。具体如图 3-7 所示。

随着人们对生态环境的日益关注，只要在开采过程中，对水资源进行保护都可以认为是保水开采。煤炭科研工作者通过多年的不断努力，终于摸清了煤炭开采造成的覆岩破坏规律，通过采取合理的技术措施可以使破坏程度不影响含水层，达到既将煤炭采出来，水资源又得到保护的效果。比如，山东矿区就实现了微山湖下采煤和海下采煤（图 3-8）。神东矿区建设的地下水库只是保水开采的形式之一。

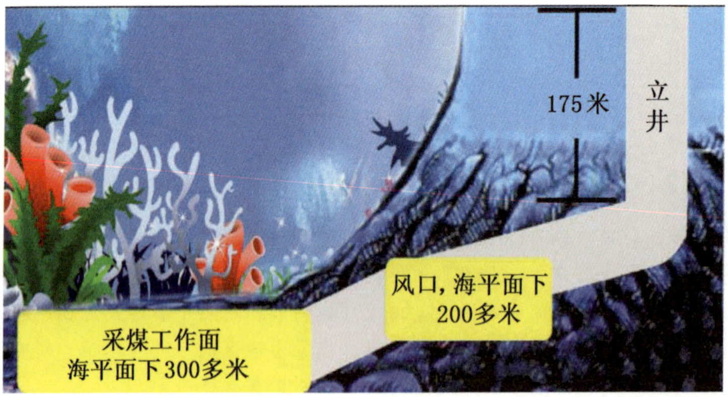

图 3-8　海下采煤示意图

二、昔日塌陷地，今朝生态绿洲

煤炭采空后形成的地表塌陷，会使耕地变为洼地，经过长年积水，还会变成坡滩地而无法耕种。据统计，我国开采造成沉陷的土地总面积已达60万公顷，平均开采万吨煤沉陷土地面积为0.2公顷，按年采11亿吨计算，采煤沉陷土地还以每年2.2万公顷的速度递增。

在内蒙古地区，受煤炭开采扰动的土地面积达6.87万公顷，每年还以2000公顷的速度递增。煤炭开采造成的地表塌陷还会导致部分牲畜伤亡等牧民财产损失，并产生相关环境问题。

恐怖的塌陷坑

2010年12月23日，榆林某煤矿发生大面积冒顶，引发地表塌陷，造成煤矿邻村部分群众房屋受损，道路、农田出现裂缝，给群众生产、生活带来很大影响；截至2013年底，安徽省某市塌陷面积达到220千米^2，涉及27个乡镇，涉及居民31.1万人，占全市总人口的12.8%，随着今后塌陷范围的进一步扩大，2020年后，全市最终塌陷面积将达到687千米^2。

"一颗硕大得足以填平苦海的清澈泪珠 / 默默地荡涤着天地间的尘埃与荒凉 / 多少苦难与悲怆 / 都圣贤般地在这水底沉淀……"这首描写塌陷湖的诗，表达了对煤矿开采造成土地塌陷的无奈和悲伤。从图3-9、图3-10和图3-11中可见煤炭开采造成塌陷的危害是多么严重。

图3-9 煤矿开采形成塌陷湖

图3-10 煤矿开采造成地裂缝

图3-11 煤矿开采造成公路塌陷坑

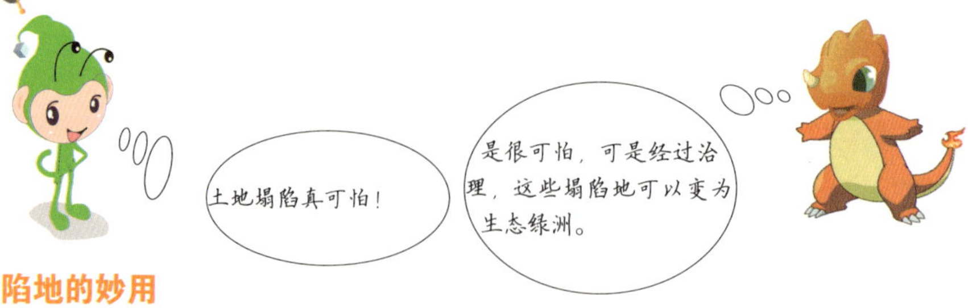

塌陷地的妙用

一些早期未采取安全支护措施而开采的矿区，地表沉降严重。为了有效治理和充分利用这些塌陷地，各地政府和煤矿企业可谓各显神通。

山东省济宁市某镇在采煤塌陷地上构建了一个现代农业产业基地，发展池藕种植，建起绿色家园。这里的池藕种植面积已发展到近 1000 亩，并且通过了国家级无公害认证，注册的“连心桥”商标也已被国家工商局批准通过。同时，在 2014 年开始实施土地复垦项目，投资 1.77 亿元对 8500 亩塌陷地进行抢修复垦，建成高标准蔬菜基地近 3000 亩。昔日塌陷地，今朝形成了以特色农产品培育、参与体验、休闲观光为主要内容的都市农业。目前已建成香樟园和万象城两个生态园区，极大地带动了当地经济的发展（图 3-12）。

图 3-12　塌陷湖生态园区

潘安湖位于江苏省徐州市贾汪区西南部，原来是煤矿采煤塌陷区。在治理前，积水面积达 3600 余亩，平均塌陷深度 4 米。2010 年，徐州市塌陷地综合整治工程开工，并以晋朝美男潘安命名；2011 年，将塌陷区整治区域规划成湿地公园景区；2012 年，对塌陷区进行绿化成为省级水利风景区。

如今，潘安湖已经是国家级 AAAA 景区（图 3-13）。

图 3-13　潘安湖景区

安徽某矿区在塌陷湖上建成占地1200亩的水上漂浮发电站（图3-14），成千上万块太阳能光伏发电组件覆盖于塌陷湖上，发电能力达到1000兆瓦。同时，还可在塌陷湖中养鱼，实现了塌陷湖的充分利用。

山西大同某矿区充分利用晋北地区良好的光照和丰富的电网资源，通过多年探索和实践，使荒芜的采煤沉陷区蜕变成一个“光伏新技术示范地、领跑技术实践地、先进技术聚集地”（图 3-15）。

图 3-14　塌陷湖漂浮发电站

图 3-15　大同某采煤沉陷区国家光伏示范基地

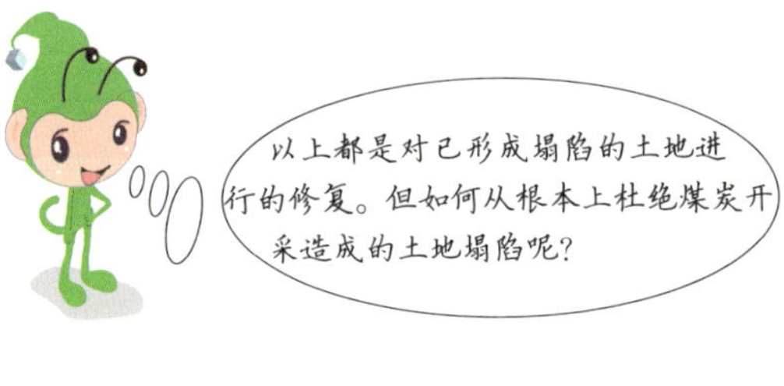

充填开采

采煤沉陷引起的几乎所有环境问题，都是由于煤层采空后，上覆岩层随着下沉破坏引起的。那么，有没有可以从根本上阻止上覆岩层下沉的方法呢？有！就是采用“充填开采”方法——用其他物料将开采后形成的空洞（区）填充，替代原来的煤炭来支撑上覆岩层。这种方法不仅在煤矿得到了应用，在金属矿山也有推广，而且人们还在对充填开采技术进行不断完善。

矿山充填开采已有100年的历史。1915年，澳大利亚的塔斯马尼亚芒特莱尔矿和北莱尔矿就有计划地应用废石将采矿形成的采空区进行充填，这是世界上最早的充填开采。波兰、德国、法国等地的煤矿都曾经采用过充填开采技术，应用比较好且应用广泛的是波兰和德国。早在20世纪初，我国就开始应用水砂充填法管理采煤工作面顶板，20世纪80年代抚顺矿务局采用隔离注浆减缓地表下沉的实验取得成功，先后在新汶华丰、兖州东滩、开滦唐山等煤矿应用。

进入21世纪，我国煤矿充填开采技术在不断改进和完善过程中得到进一步发展，已形成了固体物充填、膏体似膏体充填和高水超高水充填“三大类”生产工艺体系。在充填材料上，坚持低成本和节能环保原则，拓宽了煤矸石、粉煤灰、河沙、矿井水、胶固料、建筑垃圾等取材渠道，既实现了综合治理，又保障了充填效果。我国充填开采要比国外滞后10～20年，但通过不断吸取国外经验，我国充填开采技术与国外差距不断缩小。

具体可以把国内外矿山充填开采技术的发展分为以下4个阶段。

第一阶段：国外在20世纪40年代以前，以处理废弃物为目的，在不完全了解充填材料性质和使用效果的情况下将矿山废弃物充入井下采空区；国内在20世纪50年代以前，都是采用以处理废弃物为目的的废石及矸石充填采矿法。

第二阶段：20世纪40—50年代，澳大利亚和加拿大的一些矿山开始使用水砂充填技术，这才将矿山充填真正纳入采矿计划。我国是在 20 世纪 60 年代才开始使用水砂充填技术的，1965 年锡矿山南矿为了控制大面积地压活动，首次采用了尾矿水力充填技术。

第三阶段：20 世纪 60—70 年代，国外开始应用尾砂胶结充填技术，国内初期的胶结充填均为传统的混凝土充填。

第四阶段：20 世纪 80—90 年代，我国开始发展膏体充填和高水充填技术，济宁某煤矿是我国最早采用膏体充填的煤矿。2002 年河北邢东矿开始进行固体充填。到 2008 年，我国基本形成了煤矿综合机械化充填开采的技术体系。巷道充填前后对比如图 3-16 所示。

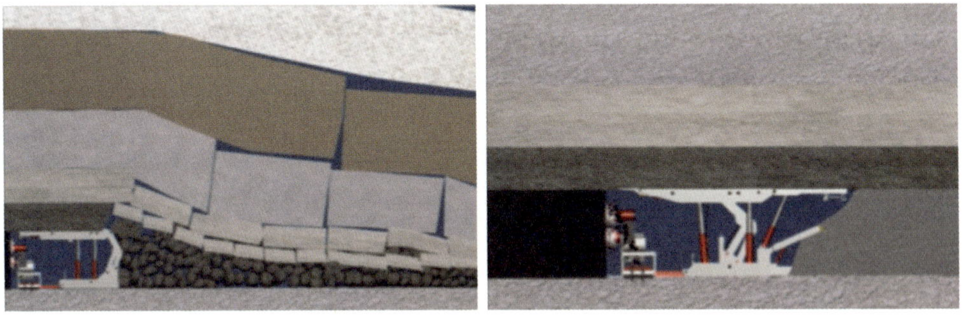

（a）不充填条件下采煤区覆岩垮落　　（b）充填后采煤区覆岩未垮落

图 3-16　巷道充填前后对比示意图

● **充填材料**

要进行充填开采，选择合适的充填材料非常重要。

首先，科技工作者选择的是矿区或周边废弃量大的物料。比如矸石，矸石堆积不仅会占用农田，而且其表层还易风化和自燃，进而污染大气。将矸充填到井下后，就可以消灭这些矸石山，变废为宝。过去煤矿区处处可见的矸石山及其自燃产生的污染如图 3-17 所示。

图 3-17 矸石山以及矸石山的自燃污染

其次，还可以利用电厂粉煤灰和一些建筑垃圾来进行煤矿井下采空区充填。

最后，西部有些矿井就近利用取之不竭的沙漠风积砂来进行井下充填，使充填成本大大降低（图 3-18）。

针对充填材料比较缺乏的现状，煤炭科技工作者还研制了充填用的高水材料（图 3-19）。

图 3-18 西部煤矿充填采用的风积砂

图 3-19 高水充填材料

● **充填材料的输送**

如何把充填材料从地面输送到井下？这得看充填料是什么形态。充填料大体分固体和浆体（会在较短时间内凝结为固体）两种。前者先通过垂直投料井将材料从地面投到井下，然后用带式输送机运到充填地点；浆体充填料则全程依靠管路输送。

● **充填工艺**

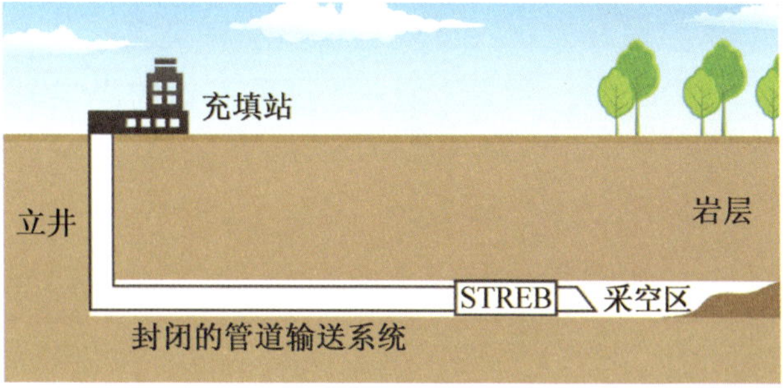

图 3-20 煤矿充填系统示意图

有了充填材料，也知道了输送方式，那么在煤矿井下是如何进行充填的呢？开采时，上覆岩层随着采煤会很快下沉，必须快速充填才行。

但要研发出高质高效的充填工艺（图 3-20）并不是件简单的事儿。通过煤炭科研人员的反复实践，研发出以下几种充填工艺：第一种是通过采用隔离措施，将采煤和充填隔离开来，既不影响采煤又可以有效充填采空区；第二种是采用专门的装备边采煤边充填（综采工作面充填和普采工作面充填）（图 3-21 和图 3-22）；第三种是在未开采的煤层中开掘一条条巷道，将矸石抛填进去（巷道式充填）（图 3-23）。井下形成的充填体如图 3-24 所示。

图 3-21 综采工作面充填

图 3-22 普采工作面充填

图 3-23 巷道式充填

图 3-24 井下形成的充填体

充填开采不仅可以从根本上解决煤矿井下开采造成的地表塌陷问题，保护采煤区的生态环境，还可以有效提高煤矿安全生产水平，提高采煤工作面的煤炭采出率，并可以消灭占地污染的矸石山。

通过实施充填开采，山东某矿业集团消灭矸石山12座，累计减少矸石排放1300万吨，减少土地占压300多亩。河北某矿业集团采用膏体充填采煤工艺，解放各类建筑物和水体下压煤3.588亿吨，占矿井煤炭总储量的53.4%，大大提高了煤炭采出率。陕西某矿业公司采用风积砂似膏体充填开采技术，实现了环境脆弱区保水开采。

国外通过立法和行政手段，综合运用经济和技术措施推广应用充填开采，以遏制由于开采造成的土地塌陷，取得了良好的社会效益。我国充填开采的技术工艺已经完全成熟，然而，遗憾的是在全国范围内的推广应用还远远不够。因为一方面，大量的充填料和工程会增加一些成本；另一方面，增加充填工艺多少会降低原来的生产效率，矿方意愿不强。但是，科技工作者和工程技术人员正在努力降低成本，提高充填开采的经济性。因此，希望政府根据当地的情况制定相关法规政策，使越来越多的矿井采用充填开采，以保护煤矿区的生态环境。

三、科技为草原疗伤，昔日疤痕现片片新绿

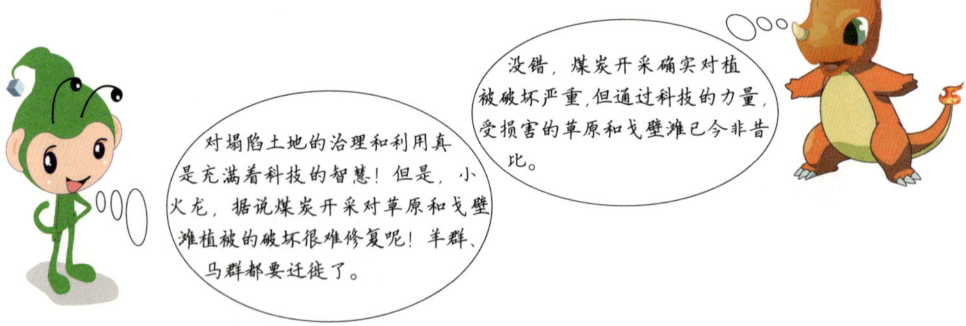

● 昔日草原的累累伤痕

煤炭开采，尤其是露天开采的煤矿在施工及开采过程中，开拓运输道

路的修建、工业场地的平整、排土场的修建等均需占用大量土地，从而破坏了地表植被，若是在生态脆弱的西部草原或戈壁滩，会对生态造成更大的伤害。这是因为这些地区的土地持水能力弱，水分蒸发快；在煤炭开发时，相关地表会受到剧烈扰动，导致地表植被基本荡然无存。因此，在草原和戈壁滩开采煤炭会大大改变地下水的补给体系，破坏原有水资源的动态平衡；继而对生物群落造成极大的危害。这些影响和伤害大都是不可逆的。

内蒙古素有“东林西铁、南农北牧、遍地是煤”的美誉，煤炭资源几乎遍布全区，同时也是露天煤矿最多的地区。

图 3-25 正在变黑的草原

近年来，随着煤炭资源的开采，不论是煤炭资源的露天开采还是井工开采，都占用和破坏了部分草原。由于露天煤矿的开采，昔日美丽的草原有的已变黑；地下开采造成的地表塌陷，也让草原不再美丽（图 3-25、图 3-26）。

图 3-26 遍布塌陷坑的草原

目前，内蒙古草原退化、沙化、盐渍化总面积为 69390.46 万亩，占全区草原总面积的 60.7%，其中退化草原面积为 48378.83 万亩，占全区草原总面积 42.51%；沙化草原面积为 16119.01 万亩，占全区草原总面积的 14.16%；盐渍化草原面积为 4892.62 万亩，占全区草原总面积的 4.03%。造成草原退化、沙化、盐渍化的主因有滥垦、滥采、滥牧、滥伐、滥用水资源等，而煤矿开采就是其中的主要原因之一，并且煤炭的露天开采对草原生态环境的破坏要更严重一些。

小贴士：露天开采对草原生态环境的破坏

据资料统计，露天煤矿正式投产后，每开采 1 万吨煤就要挖损 0.02 ~ 0.18 平方公顷的土地，而露天开采剥离的表层土堆积形成的外排土场，更是会压占更多的土地，占地面积约为采掘场损毁量的一倍；采矿产生的大量弃土、弃渣和废弃的尾矿，恶化了土壤养分的初始条件，加之其为裸露、松散的堆积体，极易被雨水冲刷，加速了土壤养分的流失，带来土壤的粗化、盐碱化等问题，而且雨季易发生坍塌、滑坡。露天矿场的建设、表土和岩层的剥离、废弃土石的堆放等减少了地面植被的覆盖面积，直接造成植被的破坏。植被的破坏直接导致矿区及其邻近地区的其他生物生存条件的破坏：生物量减少，生态系统结构受损，功能及稳定性下降；地面植被覆盖率的急剧降低还会减少和改变地表径流，加重地表的粗糙度，直接加剧了水土流失和土地沙化、干化。

植被修护重现草原新绿

为了改善退化的生态系统，保护并合理利用有限的自然资源和生存空间，煤炭科技工作者打响了草原绿色保卫战。

内蒙古准格尔露天矿区，通过研发西部生态脆弱地区植被修复技术，并通过小区域综合治理，构建了矿区人工防水、排水体系，形成了系统高效的水土保持治理模式。他们科学筛选出适宜矿区生长的乔灌植物（图 3-27），灌木可以选择小叶锦鸡儿、兴安胡枝子、小黄柳等，草本为山竹子、差巴嘎篙等，让昔日的戈壁滩比过去还要美丽。

小叶锦鸡儿　兴安胡枝子　小黄柳　差巴嘎篙

图 3-27　科学筛选出的乔灌植物

为了戈壁滩的美丽，科技工作者和广大的煤炭人付出了持之以恒的艰辛努力。

露天开采需要剥离大量的地表土，而最上层的地表土最适宜植被生长。因此，在剥离地表土的过程中，他们细心地把不同层位的地表土分开放置，并用薄膜覆盖使地表土尽量保持原来的性质，然后在排土场上按照原来的层位将表土层铺放，采取鱼鳞坑和保水剂技术相结合的措施，在整个坡面上人工栽植沙棘和山杏。

通过对矿区植被进行整体的系统性修复，实现了采掘—排弃—造地—复垦一体化。截至 2016 年底，植被覆盖度比自然地貌提高了 2～3 倍，与原来该地区地表植被覆盖度不足 25% 形成了鲜明对比，水土侵蚀量比原来减少 80% 以上，表土土壤结构得到了很好的改善，与矿区周边的自然生态系统比较，土壤有机质、氮、磷等显著提高，不仅使采矿活动对当地生态环境造成的破坏降到最低，还再造了比原生态环境更加绿色美好的新生态环境（图 3-28）。

图 3-28　准格尔矿区露天煤矿边坡复垦前后对比

准格尔矿区不仅修复了生态植被，还利用露天矿的排土场建起了农田。其中土豆、玉米等农作物，年种植面积达 500 亩，各类农作物长势良好。你肯定想不到，曾经一片荒凉的戈壁滩，现在不仅每年为国家提供千万吨的煤炭，而且还在推动绿色发展，成为现代农业示范园区（图 3-29）和煤炭工业旅游示范区，水草丰茂、牛羊成群。

图 3-29　现代化农业示范区

另外，山西平朔露天矿区的生态修复也为生态矿山建设起到了良好的示范带动作用。他们在借鉴美国等发达国家土地复垦经验的基础上，始终践行“边生产边治理”的绿色发展理念，不仅将露天开采后的矿坑全部回填，还重新塑造了生态良好的采后生态体系。

经过 30 多年的发展，平朔矿区建立了草、灌、乔、木复垦种植的立体模式，形成了采矿、排土、复垦、种养植一条龙生产作业方式，水土流失逐年减轻，土壤肥力、水土保持、植被品种已超过原状。在矿区现有区域的基础上，进一步提升了区域功能定位，并划分了工业旅游示范区、自然生态保护区、生态农业区三大区域（图 3-30）。

露天矿复垦中最难的就是如何对采煤剥离出的土构筑稳定的生态边坡（图 3-31）。不仅要进行科学严谨的设计，还要掌握很多土壤重构技术。平朔矿区严谨科学地构筑了既能保持水土，又能提高水分利用效率、避免岩土污染的生态边坡。改良了矿区贫瘠的土壤，使重构后的土壤结构合理，养分充足，利用方式多样，更适宜植被生长，为后续植被重建及生态产业链建设奠定了基础。

图 3-30　山西平朔矿区构建的新“三区”

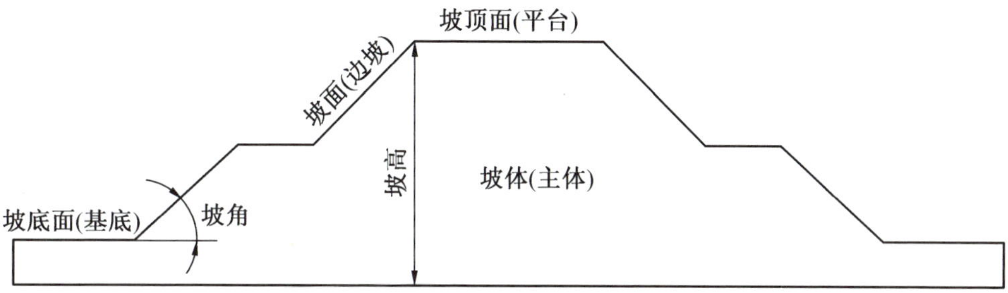

图 3-31　生态边坡设计图

知识链接：土壤重构

土壤重构即重构土壤，是以工矿区破坏土地的土壤恢复或重建为目的，采取适当的采矿和重构技术，应用工程措施及物理、化学、生物、生态措施，重新构造一个适宜的土壤剖面和土壤肥力因素，在较短的时间内恢复和提高重构土壤的生产力，并改善重构土壤的环境质量。

四、穹顶之下：燃煤电厂可以超低排放

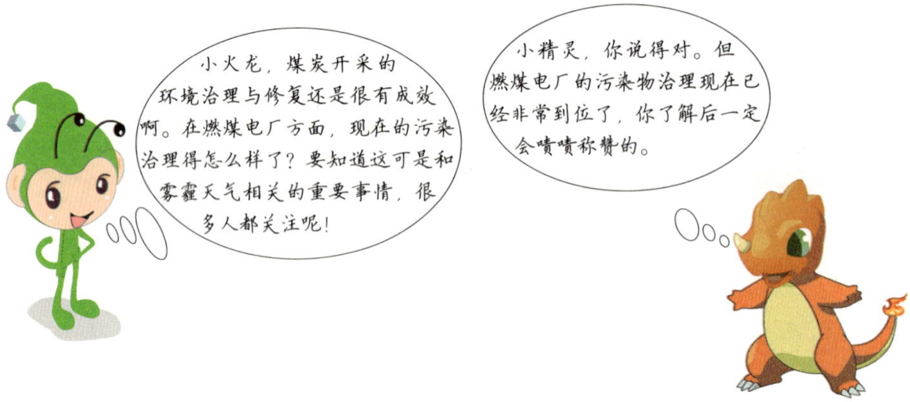

● 十面“霾”伏，“去煤化”呼声四起

近年来，雾霾在全国多地“上线”，且覆盖范围呈蔓延扩大趋势。通过对各个城市雾霾的长期监控，全国雾霾最严重的城市衡水、保定，2016年雾霾天气竟达半年以上，高居“榜首”的衡水，雾霾持续时间长达209天，全年近60%的时间被“雾霾”笼罩（图3-32）。

雾霾会对公众造成什么影响呢？就以北京为例，雾霾到底有多严重？我们先分享两则故事。

故事一：北京空气污染持续加重，有网友夜逛公园时，差点被里面的广场舞大妈们吓到：“本来说遛遛公园，看到此场景望而止步了，要不是有小苹果背景音乐，我还以为是生化危机现场呢！”（图3-33）。

故事二：北京东南区域点在2015年11月30日18时左右，PM2.5达到当日浓度最大值，接近1000微克/米^3，北京最高楼国贸三期消失在雾霾中（图3-34）。

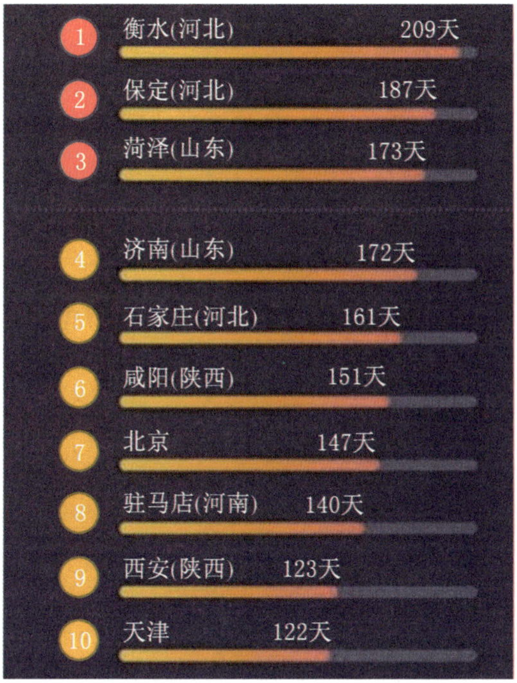

图 3-32 2016 年全国十大雾霾城市排行榜

图 3-33 雾霾天广场小树林中的人们

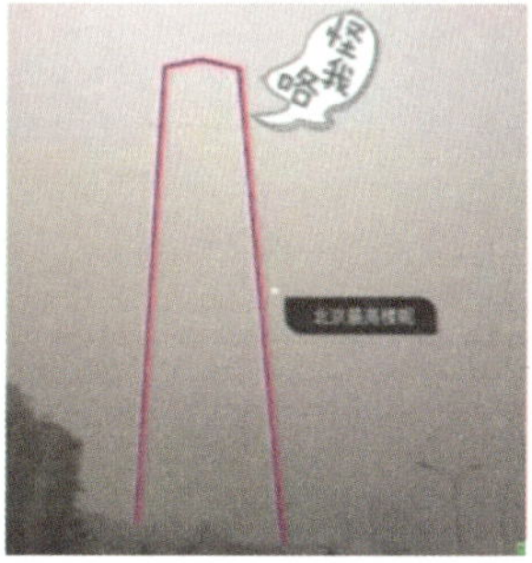

图 3-34 当时北京最高楼消失在雾霾天

空气质量与老百姓的生活息息相关，近几年雾霾天频繁出现在人们的视野中，很多老百姓“谈霾色变”。人们对“雾霾”的关注度也不断提升。通过对新闻客户端中搜索“雾霾”相关词汇的用户地域属性分析，不论是雾霾频发的北方城市北京、天津、石家庄，还是在上海、武汉、宁波等南方城市，均出现在“全国最关注雾霾的热门城市”榜单中，可见“雾霾”已成为全国性的“新闻热搜词”。而且，通过对新闻客户端最受关注的“雾霾”文章分析，不难发现民众除了关注雾霾天气、雾霾治理以及 PM2.5 对人体的危害之外，还对如何科学防霾抗霾越来越关注。

那什么是雾霾呢？雾霾是雾和霾的统称。雾和霾两种不同的天气现象，通常混合在一起出现，尽管在定义上有明确的区别界定，但在实际观测和研究中却并不容易区分，所以经常统称为“雾霾天气”。雾的组成比较简单，主要由大量悬浮在近地面空气中的微小水滴或冰晶雾滴组成，而霾的组成成分则非常复杂，有害物质通常大部分富集在细颗粒物(PM2.5)上，目前已知的主要成分包括硫酸盐、硝酸盐、铵盐、重金属、含碳颗粒等。雾霾是在特定的大气流场条件下，经过一系列物理化学过程形成细粒子，并与水汽相互作用导致的大气消光现象（大气消光：大气对辐射能量折射、吸收和散射作用）。

雾霾是由什么造成的呢？具体的成因很复杂，但按其来源大致可分为机动车尾气、工业排放、燃煤、建筑扬尘、垃圾焚烧等。在2013年2月环保部《环境空气细颗粒物污染防治技术政策（试行）》公开征求意见稿中，甚至要求在人口稠密的大型城市，严格控制城市露天烧烤，并建议通过立法予以禁止。

尽管燃煤对雾霾到底有多大“贡献”还存在争议，但不可否认的是，粗放的燃煤及其利用方式的确是雾霾产生的主要原因之一。全国各地“去煤化”的呼声此起彼伏。2012年，北京市制定了2013—2017年清洁空气行动计划，全面关停国华、石热、高井、华能四大燃煤热电厂，并建设了四大燃气热电中心，从而实现电力生产无煤化。2017年3月，北京最后一座大型燃煤电厂——华能北京热电厂关闭。由于燃气电厂的发电成本是煤电的2倍，北京市财政每年要给这些燃气电厂补贴近百亿元。而更多的地方政府，既没有充足的财力对煤改气的燃气电厂进行补贴，也没有足够的天然气提供，只能望“气”兴叹。

● 超低排放，希望从这里升起

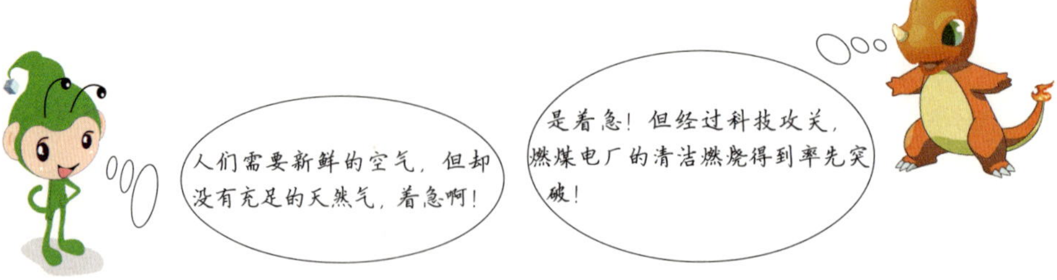

2014年6月25日上午9时，浙江舟山电厂4号35万千瓦燃煤机组顺

利完成 168 小时试运行，正式移交生产，投入商业运营。同时，168 小时试运行结果显示，该燃煤机组各项主要环保排放指标（烟尘、二氧化硫、氮氧化物）全部达到天然气排放指标，标志着国内首台新建超低排放燃煤机组诞生。既然煤电机组能够达到天然气发电机组的排放限制，那么，让煤电机组达到超低排放标准，不就相当于新建了许多天然气电厂吗？

天然气发电的烟气中粉尘、二氧化硫通常含量很低，常常接近于零，可以说是“近零排放”。而超低排放煤电机组的污染物排放与天然气电厂相当。因此，在没有充足的天然气供应或者承担不起天然气价格时，超低排放煤电机组是一种较为现实且清洁的选择。

之所以被叫作超低排放的燃煤电厂，是因为近年来煤电机组的排放限值，已经一而再、再而三地降低；电厂，已经开展了一轮又一轮的改造。这些改造涉及的不仅是建筑结构和简单的工艺，还增加了很多节能环保的工艺设施，已经给发电主厂房配上了十分给力的超低排放“环保岛”！

经过多年持续不断的努力和近年来如火如荼的超低排放改造，现在的燃煤电站已被刮目相看。不仅很清洁，而且堪称“生态花园”。

让我们走进几个电厂一探究竟。

● 北京附近清洁燃烧的燃煤电厂——三河电厂

想必大家都知道离北京很近的河北省三河市的燕郊吧？燕郊有个燃煤电厂，叫三河电厂，估计很多人都听说过。国华三河电厂成立于 1994 年，地处河北省三河市燕郊开发区，燕郊区位条件得天独厚，位于环京津、环渤海经济圈核心，与北京仅一河之隔，距离天安门仅 37.5 千米（图 3-35）。三河电厂同时肩负河北燕郊、北京通州两地的供热任务，总装机容量 1300 兆瓦。2015 年 11 月，三河电厂 4 台机组全部实现超低排放，成为京津冀首家实现全厂超低排放的燃煤电厂。

图 3-35　河北三河市燕郊地区

图 3-36　近零排放的三河电厂

作为跨省上班族的集中地，三河燕郊电厂周边人口居住密集，电厂大门口 200 米内就有 3 家幼儿园。那看看我们眼里的三河电厂和老百姓口中的三河电厂是什么样。走进三河电厂，映入眼帘的是各种花草和树木，不像人们想象中的那样黑烟滚滚，反而像花园（图 3-36）。

住在电厂旁边行宫东大街“忆江南”小区十来年的 60 多岁的大娘告诉记者，这旁边最大的小区居住人口有十多万，以前，脚下这片地是农田，火电厂振兴了这里的经济，也带来了人口。她说，虽然火电厂就在小区旁边，但是平时对他们生活的环境没有造成影响。但她也有一定的疑虑，说：

总能看到两个“大罐子”在冒白烟，这个是不是污染呀？随后我们给大娘进行了解释和科普。大娘提到的两个“大罐子”其实叫冷却塔。那什么是冷却塔呢？冷却塔是一种将水冷却的装置，水在其中与流过的空气进行热交换、质交换，致使水温下降；一般高度是根据电厂的机组大小而定的，是电厂节约用水、循环用水的一种构筑物。冷却塔冒的白烟其实是水蒸气。

● “大海边的美丽新城”—— 浙江宁海电厂

浙江宁海电厂是公认的花园式企业，将于2017年年底全面完成超低排放改造。该企业在为员工营造优美环境的同时，更为从事枯燥、危险工作的电力人提供了一座宁静的心灵港湾，甚至在潜移默化中激发了员工“环保做加法，系统做减法”的创新力（图3-37）。

图3-37 浙江宁海电厂

宁海电厂的厂前区被誉为“澳欧式花园”（图3-38）。整个厂前区建筑群追求人与自然对话、建筑与自然相融的风格，巧妙利用玻璃幕墙、廊道和门厅围合成院，宁静安逸；利用开山坡地设计出上下错落有致、曲径通幽的胜景。

图3-38 宁海电厂厂前区员工宿舍

西山公园（图 3-39）是厂区中主要的休闲区，区内地形丰富，这里有茂密的树林、缓缓的草坪、平静的水景、弯曲的小道、洁净的泳池。员工们忙碌了一天后，在此安静地休息、散步、欣赏自然风景，还可以在泳池里尽情畅游。

图 3-39　宁海电厂西山公园

这两个电厂仅是众多超低排放美丽电厂的一隅。“清洁燃煤电厂的实践证明，通过技术创新和追求卓越，煤电甚至可以超越燃气发电，变得更清洁、更环保，与环境更友好。依托最先进的节能和环保技术，完全可以放心地在城市建设真正的绿色煤电。”一位知名学者说到。

目前已有一些燃煤电厂建在城市或城市近郊，比如位于天津市滨海新区的天津大港发电厂。大港发电厂虽是一家有着近 40 年历史的燃煤发电老企业，但经过超低排放改造后已成为绿色发电的样板。在天津大港，这家电厂已是“妇孺皆知”，并与这个城市紧紧联结在一起。从图 3-40 中我们是否能感受到内陆草原的味道呢？

图 3-40　天津大港发电厂

● 是魔术，还是科技？

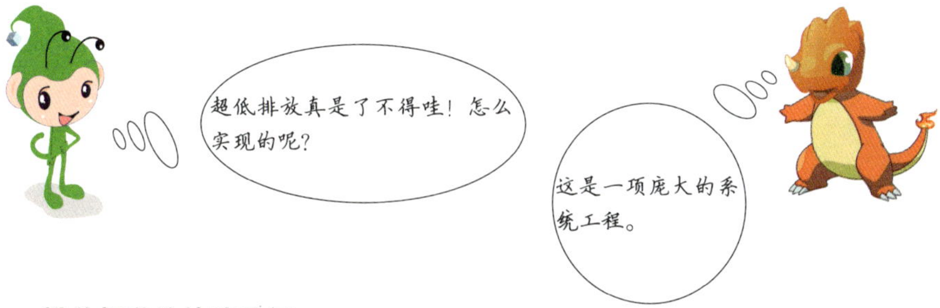

● 排放标准的快速升级

开展这项庞大的系统工程，可不是像变魔术一样一蹴而就的。为了达到燃煤电厂超低排放的效果，我国相关科研工作者艰辛地探索和攻关了 20 年时间。

在这里，先带大家看看 20 年前的燃煤电厂是什么样。

“很早以前，大家看到该电厂的 3 个‘大烟囱’冒出滚滚浓烟，会把它当作大干快上、欣欣向荣的象征。而随着环保意识的增强，烟囱要冒出烟来反而代表一种落后。”谈起曾经的“三炷香”电厂，电厂周边的居民至今仍心有余悸。

日夜不熄的“三炷香”电厂（图 3-41），曾经让周围人吃尽了苦头。3 根 100 多米高的烟囱，昼夜不停地向空中排放烟尘。“三炷香”电厂让周围人平日里谁家也不敢开窗户，更不敢在外面晾衣服，人们穿着白衣服出门走上一圈，衣领就会挂上厚厚的一层灰。不仅烟囱煤灰污染大，而且电厂的工作环境也非常差。时至今日，该厂的一些老员工仍记得以前的场景：工人们脚下蹚着没过脚面的煤粉进入生产现场，身上全是细细的煤粉，工作条件十分恶劣。

图 3-41　20 年前的“三炷香”电厂

同时，过去燃煤电厂储煤的露天煤场经常是大风起兮尘飞扬的状态。电厂周边的街道、树木甚至常年呈现灰黑色，群众意见很大（图 3-42）。

图 3-42　十几年前电厂污染物排放情况

这么严重的污染，给老百姓的生活及其身体健康，以及电厂周边的环境造成了非常大的损害。因此，国家层面非常重视燃煤电厂大气污染物的治理。从 1973 年的《工业“三废”排放试行标准》，到 2012 年的《火电厂大气污染物 2011 年排放标准》，经过几次新标准的出台和旧标准的修订颁布，对燃煤电厂污染物排放标准的要求越来越严，被称为“史上最严”的中国燃煤电厂大气污染排放标准要求 2014 年 7 月 1 日起，开始在全国燃煤电厂强制执行。

现在我们分析一下 2011 年排放标准与 2003 年标准有什么不同（表 3-1）。第 1 个改变是燃煤电厂常规排放的限值大幅降低，烟尘、二氧化硫排放基本都有 50% 的降低幅度，氮氧化物由每立方米 450 毫克降低到每立方米 100 毫克，降低幅度达到了近 78%；第 2 个改变是新排放法规区分了排放限值的适用区域，对人口密集、经济发达的重点城市执行更加严格的排放限值，而对经济相对欠发达的偏远地区执行略高的标准；第 3 个改变是新排放法规明确了新建电厂锅炉与现有电厂锅炉的区别对待，新建锅炉排放限值更低，从“准入”的角度体现了对新建电厂排放技术要求的前瞻性。

表 3–1 燃煤电厂大气污染物排放标准对比（2011 年与 2003 年）

<table>
<tr><th>污染物</th><th>适用条件</th><th>GB 13223—2011
限值／（毫克·米$^{-3}$）</th><th>GB 13223—2003
限值／（毫克·米$^{-3}$）</th></tr>
<tr><td rowspan="2">烟 尘</td><td>全 部</td><td>30</td><td rowspan="2">50</td></tr>
<tr><td>重点区域</td><td>20</td></tr>
<tr><td rowspan="3">二氧化硫</td><td>新建锅炉</td><td>100</td><td rowspan="3">400</td></tr>
<tr><td>现有锅炉</td><td>200</td></tr>
<tr><td>重点区域</td><td>50</td></tr>
<tr><td>氮氧化物
（以 NO_2 计）</td><td>全 部</td><td>100</td><td>450</td></tr>
</table>

而美国的煤电标准是多少呢？烟尘 20 毫克／米^3，二氧化硫 184 毫克／米^3，氮氧化物 135 毫克／米^3，也就是说，我国重点区域的 2011 年排放标准（烟尘 20 毫克／米^3，二氧化硫 50 毫克／米^3，氮氧化物 100 毫克／米^3）已经超过了美国标准。由此可见我们国家在降低燃煤电厂大气污染物上的决心！

环保标准的升级，催生了燃煤电厂进行超低排放技术改造的动力。当 2014 年 7 月 1 日起我国燃煤电厂必须强制性执行 2011 年煤电排放标准时，浙江舟山电厂已经在 2014 年 6 月 28 日创造了新的历史：燃煤发电可以和燃气电厂一样干净（图 3–43 和图 3–44）。

图 3–43 浙江舟山电厂全景

图 3–44 浙江舟山电厂脱硫吸收塔

- **如何做到超低排放?**

要使燃煤电厂达到污染物超低排放，必须从煤燃烧的原理这个根儿上进行分析，然后各个击破才能达到目的。

煤炭燃烧必须具备三个条件：一是要有可燃物质（煤炭）；二是要有氧气（空气）；三是要有能使物质达到燃烧点的热源（温度）。形成什么样的污染物，主要取决于煤炭和空气高温下的化学反应，不同煤炭产地的煤炭燃烧产生的污染物差别较大。不同产地煤炭的煤质也是千差万别（比如煤中硫元素的含量有的地方高，有的地方低）。燃煤电厂中的煤粉在炉内燃烧温度较高（1300～1500℃），大部分煤粉都能较为高效地燃烧。燃烧后烟气中的污染物主要包括硫氧化物、氮氧化物和粉尘（未燃尽的固体颗粒物）等。

燃煤电厂的污染物要达到超低排放标准，对烟气净化系统的除尘、脱硫和脱硝系统的要求非常高。必须依靠一系列先进的科技手段对燃烧前、燃烧中和燃烧后全过程的污染物进行系统脱除（图 3-45）。

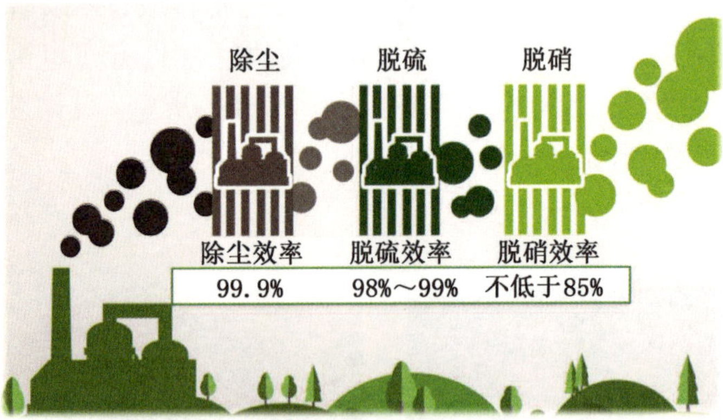

图 3-45　超低排放系统脱除效率

知识链接：燃煤发电“尘、硫、氮”的全过程脱除

燃烧前：主要是对原煤进行分选。煤炭经过分选，可大大降低煤炭灰分，同时降低部分硫分，从而降低烟尘和二氧化硫的排放。

燃烧中：主要是利用低氮燃烧进行脱硝。低氮燃烧主要采用分级混合燃烧，降低燃烧温度以及将燃烧器喷嘴出口燃料分为浓稀两相。在主燃烧器实行低温燃烧可降低氮氧化物的生成，在燃烧器顶部设置燃尽风喷口，配以不同的风量，燃烧在主燃烧区产生的未燃尽气体和煤粉，从而降低氮氧化物的排放。

燃烧后：主要针对燃烧后烟气进行除尘、脱硫及脱硝。脱除装置包括SCR脱硝装置、电除尘器、脱硫塔等。

为实现烟尘、硫氧化物和氮氧化物的超低排放，燃煤电厂需要从烟气综合治理角度出发，合理选择技术路线，优化设计指标和运行参数，确保烟气净化系统整体长期稳定运行。既要提高脱硫、脱硝、除尘各个环节相应的脱除效率，还要利用各个烟气净化设备彼此之间的交互影响，通过协同减排，降低能耗、物耗以提高超低排放的经济性。“超低排放”的秘密武器如图 3-46 所示。

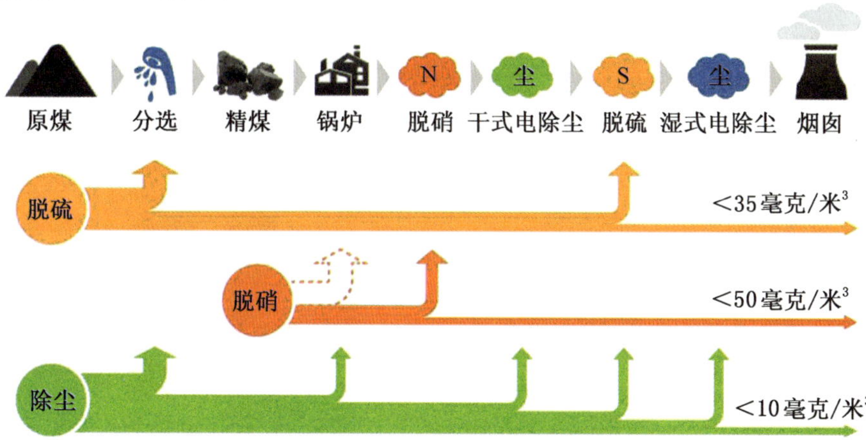

图 3-46　“超低排放”的秘密武器

小贴士：脱硫、脱硝和除尘装置

SCR 脱硝装置：能在一定温度范围内，在催化剂和氧气的帮助下，让还原剂有选择性地与烟气中的氮氧化物反应生成无害的氮和水，从而去除烟气中的氮氧化物的装置。

脱硫塔吸收塔：能将锅炉烟气中的硫氧化物脱除的设备。在脱硫塔中，用碱液清洗含硫氧化物的烟气，并用化学方法吸附烟气中的硫氧化物。

湿式电除尘器：一种用来处理含微量粉尘和微颗粒的新除尘设备，主要用来除燃煤电厂烟气中的尘、酸雾、水滴、气溶胶、臭味、PM2.5 等有害物质，是治理大气粉尘污染的理想设备。

现在，我们就从去除“尘、硫、氮”这 3 个主要步骤来展示超低排放中的“黑科技”。

1. 烟气中的粉尘是如何除掉的

除尘主要通过静电除尘器、脱硫系统及湿式电除尘器进行脱除。除尘器的工作原理是：首先在一定的电压下，使电极间气体发生电晕放电而产生阴离子和阳离子；其次在电场作用下，阴离子向阳极运动，阳离子向阴极（即放电电极）运动；最后由于电压高，不仅迁移率较大的阴离子能与中性分子发生碰撞电离，而且迁移率较小的阳离子也能与中性分子发生碰撞电离；因此在电场中连续不断地生成大量新离子。当含尘气流进入电场后，粉尘与离子碰撞而黏附带电，成为荷电尘粒。在电场作用下，荷正电尘粒向阴极运动并沉积其上；荷负电尘粒向阳极运动并沉积其上。在通常负电晕（即电晕放电为电源的阴极）的情况下，有少量带正电尘粒沉积在阴极上，而大量带负电的尘粒沉积在

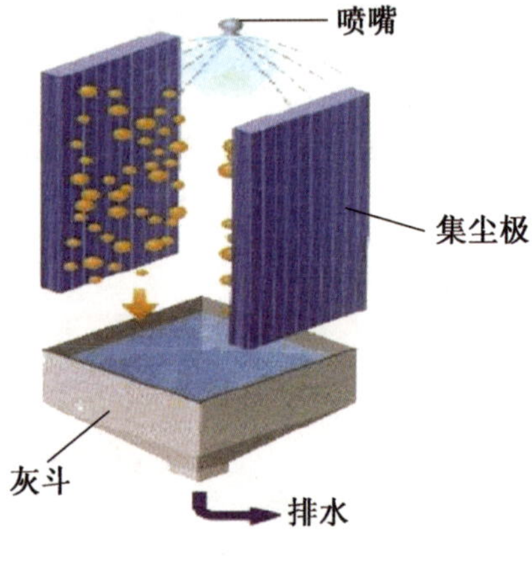

图 3-47　湿式电除尘器工作原理

阳极上，通过振打等方式使电极上的灰尘落入灰斗中，于是气体得以净化。图 3-47 所示为湿式电除尘器工作原理。

2. 烟气中的硫氧化物是如何除掉的

硫氧化物主要通过脱硫装置进行脱除（图 3-48）。锅炉含硫烟气经风机加压由喷淋脱硫器底部进口进入脱硫容器中，脱硫器底部为存液区，加装搅拌器。塔体中部加装喷淋布水装置、除雾器及反冲洗装置。脱硫器内充满碱性水雾，塔内无死角。每层喷淋层安装多个喷头。烟气在塔体内上升过程中，含硫烟气通过各级喷淋装置，极大地增加了与碱性水喷液的接触面积，烟气中的残存烟尘颗粒被进一步清除；烟气中所含的硫与碱液相遇并发生化学反应。这样含硫烟气通过多级喷淋装置与由上向下的碱性水滴、泡沫和烟气充分混合，多次发生化学反应，使烟气中硫氧化物被净化。经脱硫后的烟气在脱硫塔体内继续上升，脱硫塔的顶部加装高效脱水除雾器，除雾器包括除雾板和反冲洗装置，能够较好地控制塔板的雾化粒径及二次夹带的雾滴，从而达到理想的脱硫效果，并可进一步除尘。

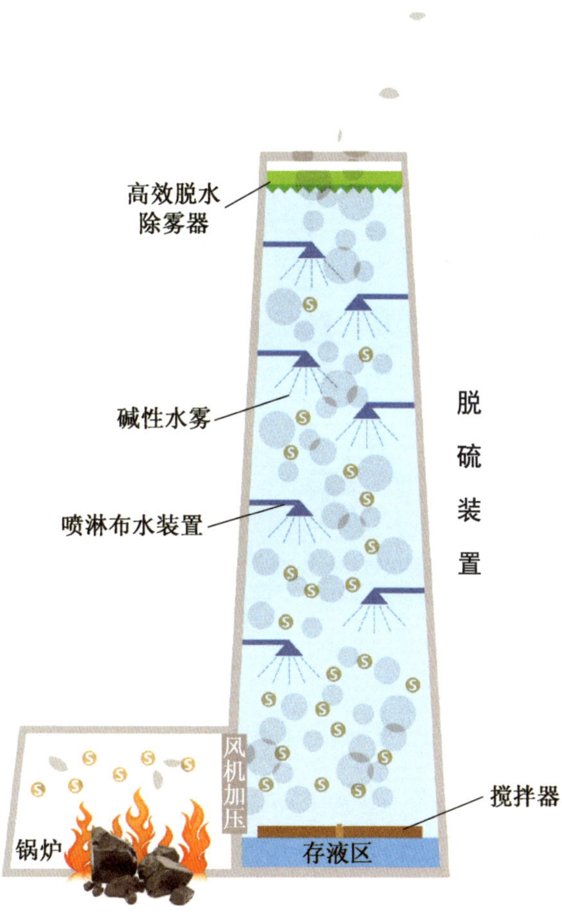

图 3-48　硫氧化物的脱除

3. 烟气中的氮氧化物是如何除掉的

氮氧化物主要是通过炉内的低氮燃烧（图3-49）和SCR脱硝（图3-50）装置共同作用脱除的。低氮燃烧技术主要采用分级混合燃烧，降低氧浓度和燃烧温度并将燃烧器喷嘴出口燃料分为浓稀两相。在主燃烧器实行低氧、低温燃烧可降低氮氧化物的生成，燃烧器顶部设置燃尽风喷口，配以不同的风量，燃烧在主燃烧区低氧条件下产生的未燃尽气体和煤粉，从而降低氮氧化物的排放。脱硝的原理是通过固定于氨喷射格栅上的喷嘴喷入烟气中，与烟气混合均匀后一起进入填充有催化剂的脱氮反应器。反应器通常竖直放置，在一定温度下，氮氧化物在催化剂作用下发生还原反应。经过反应器中多层催化剂作用后，达到去除氮氧化物的目的。

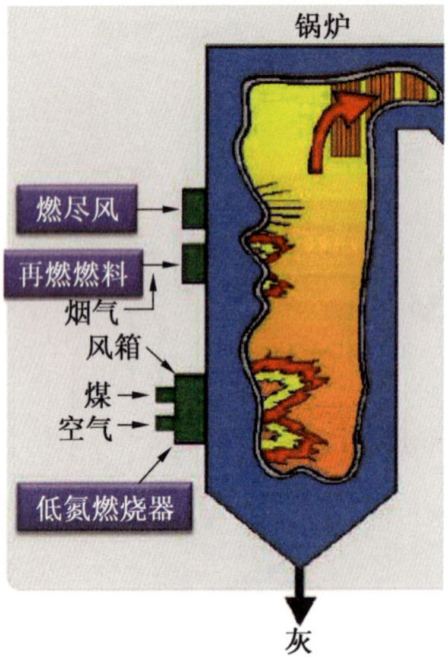

图 3-49　低氮燃烧

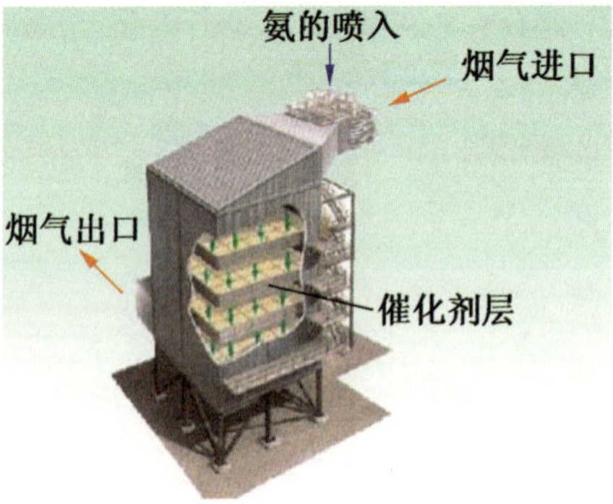

图 3-50　SCR 脱硝

2000年10月25日，北京第一热电厂烟气脱硫工程正式竣工投产。该工程是“以大代小”技术改造工程的配套工程，是利用德国政府贷款，从德国引进的湿法脱硫装置。投资4亿元人民币，用于新厂3、4号锅炉的烟气处理。这是我国当时引进的世界上较先进、科技含量较高、脱硫效率达到95%以上的脱硫装置。该装置的投入使用每年可减少向大气排放二氧化硫 6000 吨，将大大改善北京市尤其是东部地区的空气质量状况。其附属石膏板厂也同期投产，将脱硫副产品做成环保建材，变废为宝，为创建绿色环保电厂创出一条新路。

脱硫系统主要分为烟气处理系统、吸收剂制备系统、废水处理系统、石膏炒制和制板系统四大部分。其基本原理是将锅炉烟气中的二氧化硫等有害气体导入吸收塔．通过与石灰石浆液产生一系列化学反应，生成二水石膏，再经过加工，形成副产品石膏板。

脱硫产生的废水由配套的废水处理厂进行中和、絮凝、沉淀处理，除去废水中的悬浮物，污泥由压滤机压成饼后运至垃圾填埋场，废水经处理达标后排放。在设计中还采用了矿棉隔音、橡胶衬垫等技术，把脱硫生产的噪声控制在设计范围内。

与脱硫工程配套的石膏炒制和制板厂生产的石膏板长 666 毫米、宽 500 毫米，厚 80 毫米、石膏含量达到 95% 以上，适用于建筑用内隔墙，是一种新型环保建材。石膏板的年产量为 38.4 万米^2，脱硫副产品——石膏的综合利用避免了脱硫后的二次污染，这在全国尚属首例。

● 搞超低排放划算吗？

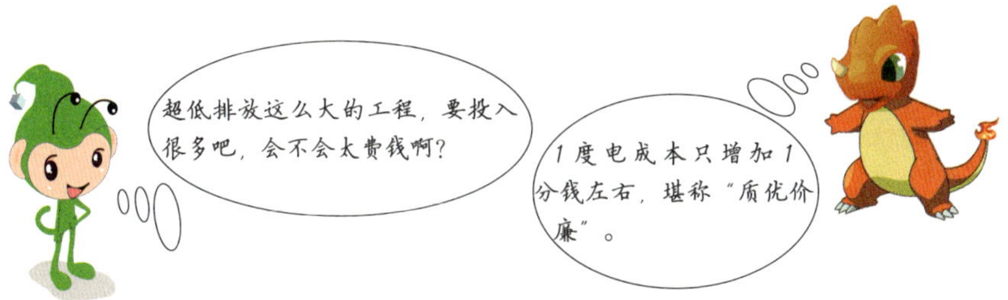

火电机组超低排放改造工程的工作量巨大。同时因为涉及脱硫、脱硝、除尘各个系统的改造及技术耦合，是个技术性极强的系统工程，不得不投入大量的人力物力。那它的经济性如何呢？

那就一起看看那些已改造完成的电厂。

三河电厂。该电厂是 35×10^4 千瓦机组的燃煤电厂。进行超低排放改造后的污染物排放指标为：粉尘 20 毫克／米 ^{3}（标准）、二氧化硫 30 毫克／米 ^{3}（标准）、氮氧化物 50 毫克／米 ^{3}（标准）；常规发电成本约 0.30 元，每度电增加成本约 0.0047 元。

舟山电厂。该电厂新建 4 号 35×10^4 千瓦国产超临界燃煤机组试运行期间，通过连续监测，主要污染物排放粉尘 2.46 毫克／米 ^{3}（标准）、二氧化硫 2.76 毫克／米 ^{3}（标准）、氮氧化物 19.8 毫克／米 ^{3}（标准）；单位投资约 100 元／千瓦，运行成本增加约 0.005 元／度。

嘉兴发电厂 8 号机组。该台百万千瓦燃煤机组经超低排放技术改造后，主要污染物排放粉尘 2.12 毫克／米 ^{3}（标准）、二氧化硫 17.47 毫克／米 ^{3}（标准）、氮氧化物 38.94 毫克／米 ^{3}（标准）；单位投资费用小于 200 元／千瓦，运行成本增加约 0.01 元／度。

以上 3 个电厂的超低排放技术改造实践表明，燃煤电厂经过超低排放技术改造，在达到国家最新环保标准的基础上，度电成本只增加 1 分钱左右。这个成本相对于巨大的环保效益和社会效益是可以接受的。按照“环保做加法、系统做减法”的思路，电力企业在设备改造设计阶段会充分考虑系统改造对能耗的影响，采用集成技术进行优化设计和设备综合升级改造，就可实现环保、节能、增效的多赢。

企业责任，国家意志

为进一步提升煤电高效清洁发展水平，2014 年 9 月，国家有关部门发布了《煤电节能减排升级与改造行动计划（2014—2020 年）》（以下简称《行动计划》。《行动计划》明确提出东部地区新建燃煤发电机组大气污染物排放浓度要基本达到燃气轮机组排放限值（即在基准氧含量 6% 条件下，烟尘、二氧化硫、氮氧化物排放浓度分别不高于 10 毫克／米 ^{3}、35 毫克／米 ^{3}、50 毫克／米 ^{3}），中部地区新建机组原则上要接近或达到燃气轮机组排放限值，鼓励西部地区新建机组应接近或达到燃气轮机组排放限值。

2015 年 12 月 2 日，国务院常务会议决定全面实施燃煤电厂超低排放和节能改造。会议指出，在 2020 年前，对燃煤机组全面实施超低排放和节能改造，对落后产能和不符合相关强制性标准要求的坚决淘汰关停，东、中部地区要提前至 2017 年和 2018 年达标。

2015 年 12 月 15 日，环境保护部、国家发展和改革委员会、国家能源局发布《全面实施燃煤电厂超低排放和节能改造工作方案》，明确了超低排放时间表。要求在确保供电安全前提下，将东部地区原计划 2020 年前完成的超低排放改造任务提前至 2017 年前总体完成，要求 30 万千瓦及以上公用燃煤发电机组、10 万千瓦及以上自备燃煤发电机组实施超低排放改造。将对东部地区的要求逐步扩展至全国有条件地区，要求 30 万千瓦及以上燃煤发电机组实施超低排放改造。其中，中部地区力争在 2018 年前基本完成；西部地区在 2020 年前完成。力争 2020 年前完成改造 5.8 亿千瓦。

可以看出，国家对燃煤发电超低排放的重视和治理环境污染的决心。国家政策力量正在支撑绿色发展。国家为鼓励引导燃煤电厂的超低排放，对经所在地省级环保部门验收合格并符合上述超低限值要求的燃煤发电企业给予适当的上网电价支持。对制定更严格超低排放标准的地方，国家还鼓励其出台相关支持奖励政策措施。值得一提的是，中国电力传媒集团评出的 2015 电力十大新闻，其中燃煤电厂全面实施超低排放榜上有名。

小贴士：我国五大发电集团

我国五大发电集团一般指中国华能集团公司、中国大唐集团公司、中国华电集团公司、中国国电集团公司、国家电力投资集团公司，这五大发电集团的装机容量占全国总装机容量的一半左右。其他主要发电企业还包括国华电力公司、国神电力公司、国投电力公司、华润电力公司等。2017 年 11 月，中国国电集团公司和神华集团公司合并重组成立国家能源集团。

那目前“超低排放”进展到什么程度了呢？

截至 2021 年底，我国实现超低排放的煤电机组已超过 10 亿千瓦，占煤电总装机超过 90%，已建成世界上最大的清洁煤电体系。自主创新的超低排放成套技术、装备的开发与快速转化应用，达到世界领先水平。将来，在“双碳”背景下电力系统清洁低碳转型的步伐将进一步加快，煤电将逐步由提供电力电量的主体电源，转为电力电量并重的支撑性和调节性电源。在煤电机组进行超低排放过程中，大型国家电力企业集团发挥了主力军作用，2016 年主要发电集团燃煤机组超低排放改造情况如图 3-51 所示。

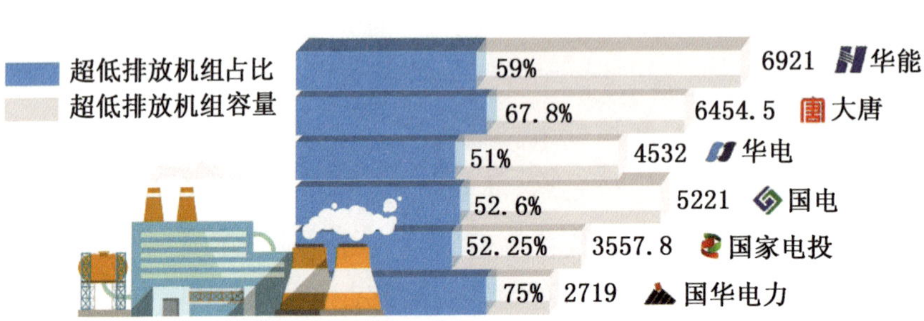

图 3-51　2016 年主要发电集团超低排放机组改造情况

科技无限，创新无止境。相关企业通过开展持续自主创新，已经在目前超低排放的基础上，实现了燃煤电厂的近零排放。燃气电厂污染物排放限值为：烟尘排放浓度不大于 5 毫克 / 米^3、二氧化硫排放浓度不大于 35 毫克 / 米^3、氮氧化物排放浓度不大于 50 毫克 / 米^3，但前述中超低排放的国华舟山燃煤电厂已经远低于燃气电厂标准，“尘、硫、氮”分别为 2.46 毫克 / 米^3、2.76 毫克 / 米^3、19.8 毫克 / 米^3，实现了近零排放。目前，比超低排放电厂污染物排放更低的技术正在努力研发中，现在科研人员已确立了燃煤电厂烟气中“尘、硫、氮”污染物排放分别不大于“1 毫克 / 米^3、10 毫克 / 米^3、20 毫克 / 米^3”的技术路线。

五、为现蓝天，打响非电燃煤攻坚战

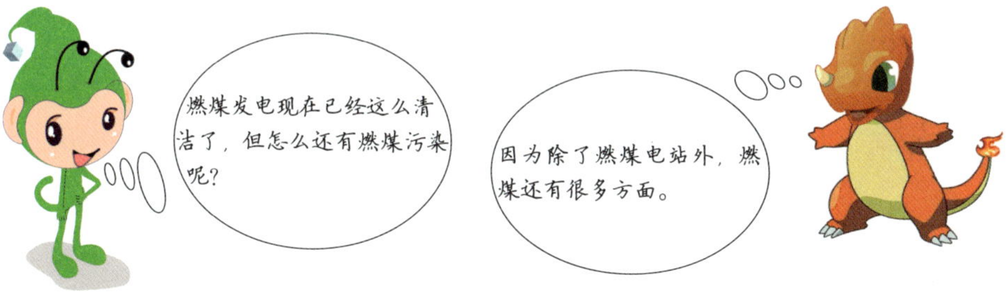

燃煤主要有 3 个领域：一是燃煤发电；二是中小工业锅炉燃烧的供热供气燃煤；三是民用散烧燃煤。

我国燃煤电厂的超低排放技术已居世界先进水平。同时，政府也非常支持，使得我国的燃煤电厂成为全球燃煤发电领域的“先锋模范”和“领头羊”。而非电燃煤领域的污染治理仍任重而道远。

我国相当一部分的中小工业锅炉、窑炉燃煤，以及点多面广的煤炭散烧，是燃煤污染最重要也是最大的源头。相比过去，这些污染的治理工作有了很大进步，工业锅炉烟气排放更加洁净，散煤燃烧的治理也日趋严格。

我国拥有数量众多的燃煤工业锅炉，同时这些工业锅炉以单台蒸发量 10 ~ 65 吨 / 时的中小型锅炉为主，数量多、分布广，现在还有相当一部分燃煤工业锅炉的燃烧效率低、燃烧不完全，并带来了一系列环境问题，最有代表性的就是雾霾天气。有数据统计显示，若以燃煤比例估算，全国燃煤造成的 PM2.5，工业锅炉约占 17%，是雾霾的重要成因之一。

为了降低燃煤污染，全国各地正在推广“煤改气”，但全部使用天然气替代煤不符合我国的基本国情，因为众所周知，我国天然气产量很少，而完全依靠进口来弥补很不现实。

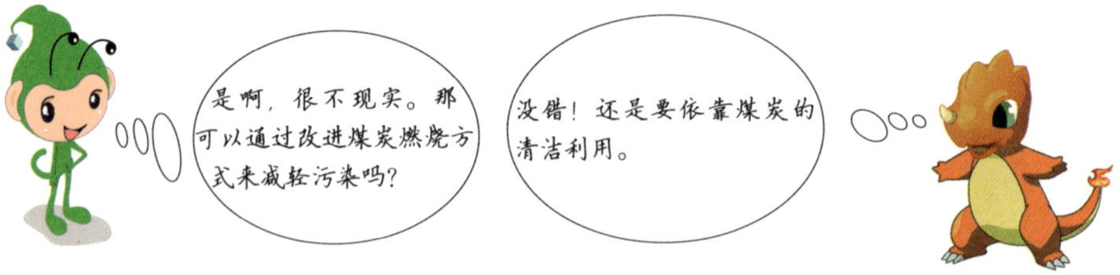

但是要真正解决燃煤工业锅炉的污染问题可不是件那么容易的事儿。

目前我国燃煤工业锅炉数量多，有近 60 万台，是仅次于电站锅炉的耗煤大户。这些中小型锅炉排放的烟气难以集中治理，污染比较严重。

由于这些中小型锅炉炉膛空间较小，燃烧方式以层燃为主，燃烧条件较差（图 3-52），工况往往比较复杂，很多时候即使借鉴了电站锅炉的烟气处理技术，也可能出现“南橘北枳”的情况。传统的链条炉还普遍存在煤炭质量控制不严、运行管理简单粗糙等问题，并且早些年国家对工业锅炉污染的重视程度不足，使得很多链条锅炉没有为污染物脱除装置预留安装空间，环保改造上有难度。

● 治理工业小锅炉污染：高效煤粉工业锅炉

电站锅炉在 100 多年前就采用了煤粉燃烧的办法，煤的燃烧条件好、效率高，锅炉运行稳定。因此，有很多人思考过将这种技术移植到中小型的燃煤工业锅炉上。

早在 1960 年，我国哈尔滨的某锅炉厂就做过工业锅炉煤粉燃烧技术的研究。煤粉从点燃到燃尽需要一定的时间（2～3 秒），电站锅炉炉膛体积大，可以满足这个要求，因此能够使煤粉高效率燃烧，但当试用在中小型锅炉上时，燃烧空间就显得狭小了，不能给煤粉提供充足的燃烧时间。这个技术上的难点使得国内很多研究者都未能取得突破性进展。在相当长时间内，我国燃煤工业锅炉仍以链条炉等传统炉型为主。

图 3-52 传统的链条炉污染严重

不过在德法等欧洲国家，他们的工业锅炉就是采用煤粉燃烧， 并且可以做到像燃气锅炉和电站锅炉一样清洁高效。例如，德国的 Dr.Schoppe 和 Carbotechnik 公司有世界最先进的煤粉工业锅炉成套技术，该公司的锅炉热效率可达 92% 以上，与电站锅炉、油（气）锅炉相当；尘、SO_2 及 NO_x 等污染物的实际排放也远低于当地环保要求的限值，与天然气锅炉接近；他们的锅炉自动控制系统完备，可实现 72 小时无人值守，也可实现多台锅炉远程集中控制。同时锅炉房内也十分干净整洁，配合外部漂亮的装修和标志性的烟囱，很多锅炉房已成为当地的地标性建筑（图 3-53）。

图 3-53 欧洲先进的煤粉工业锅炉

国外高效、清洁的煤粉工业锅炉技术引发了国内研究者的思考。1999年某大型煤炭科研机构针对我国燃煤工业锅炉存在的热效率低、污染严重等问题，赴欧洲深入调研，充分借鉴了他们中小型煤粉工业锅炉的先进燃烧技术，开启了煤粉工业锅炉的研发工作。

他们首先开发出500千瓦的煤粉锅炉原理验证系统。2006年，开始进行工业示范，第一台容量为每小时4蒸吨的煤粉工业锅炉在山西忻州师范学院建成投产；2007年，在大同市建成了近20台煤粉工业锅炉。由于应用效果非常好，2009年该科研机构开始对煤粉工业锅炉进行大面积推广应用。2012年以后，大型化、高参数、智能化煤粉工业锅炉也开始相继研发。

如前所述，工业锅炉炉膛狭小，不能给煤粉充分的燃烧空间和时间，是煤粉不能应用在工业锅炉上的主要原因。锅炉容量小决定了炉膛空间尺寸不可能大幅增加，因此科研人员只能在延长煤粉燃烧时间上做文章。

他们想到的第一个办法是在炉膛前面增加一个预燃室，让煤粉在预燃室中走出一条不寻常的路，以便被迅速加热并着火。煤粉被导管导入预燃室中心位置后反向喷出，然后一路被加热着走到燃烧室入口后被注入的助燃空气流挟裹着涌向燃烧室出口；这时被加热好的高温煤粉遇空气中的氧气开始着火，释放热量直接加热后续从燃烧室喷出的新鲜煤粉。这个办法巧妙地延长了煤粉的加热时间和强度，使煤粉得以充分燃烧。

第二个办法就是借助火箭发动机喷射火焰的原理，利用独特的锥体结构使已着火的煤粉（火焰）加速喷射出去，速度高达每秒100米的喷射火焰可以卷吸更多的高温烟气回流至火焰根部，在炉膛中形成巨大的回旋气流，延长煤粉在炉膛中的停留时间，即燃烧时间，提高煤粉的燃尽率。

该科研机构经过长时间持续攻关，综合了以上两种方法，使得开发的煤粉工业锅炉系统不仅能使煤粉洁净高效燃烧，还配置了完善高效的烟气净化装置，以保证烟气中烟尘、二氧化硫、氮氧化物等这些雾霾的重要“元凶”在排入大气前就被脱除干净，不再产生严重的环境污染。

高效煤粉工业锅炉都有哪些优势呢？它主要具有“一集中、二转化、

知识链接：煤粉工业锅炉系统工艺流程（图3-54）

来自煤粉加工厂的密闭罐车将符合质量标准的煤粉注入煤粉塔。塔内的煤粉按需进入中间计量仓后由供料器及风粉混合管道送入煤粉燃烧器。煤粉在锅炉炉膛燃烧产生的高温烟气完成辐射和对流换热后进入布袋除尘器。除尘器排出的洁净烟气经引风机排入大气，除尘器收集的粉煤灰经密闭系统排出，集中处理和利用。锅炉系统的运行由点火程序控制器和上位计算机监控系统共同完成。

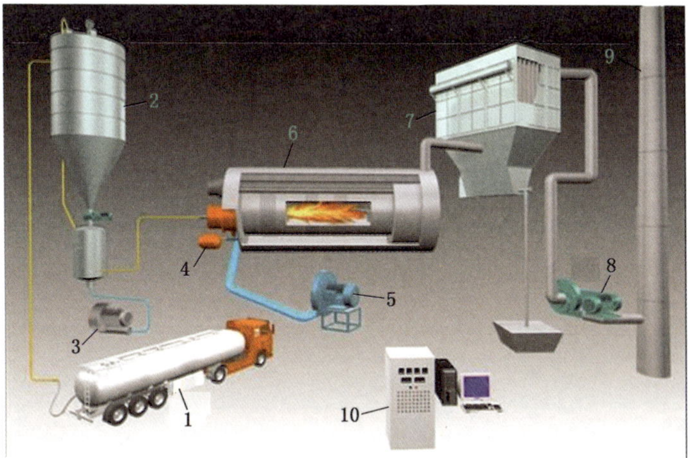

1—煤粉罐车；2—煤粉塔总成；3—一次风机；4—燃烧器总成；5—二次风机；6—锅炉；7—布袋除尘器；8—引风机；9—烟囱；10—自控单元

图3-54　高效煤粉工业锅炉洁净燃烧示意图

三不见、四节约”的特点。

一集中。清洁环保：煤粉集中制备与供应。煤粉由加工配送中心集中磨制、统一供应，既能有效保证煤粉质量的稳定，又可取消分散的堆煤场，减少地面污染。

二转化。循环经济：一是完成了由传统的人工操作向智能操作的转化。即开即停，全自动监控、调整运行参数。二是锅炉炉渣处理上完成了由工业废料到工业原料的转化。粉煤灰是建材企业良好的生产原料，煤粉锅炉产生的粉煤灰由除尘器收集后经密闭系统输入灰塔，可集中处理和利用，构建了良好的循环经济模式。

三不见。环境友好：不见煤、不见烟、不见灰。锅炉成功实现了全系统密闭运行，自动燃料加注、集中排灰，无粉尘跑冒。煤粉燃烧器采用低温空气分级燃烧设计，炉膛温度场均匀，避免局部高温，降低氮氧化物生成；烟气采用布袋除尘，排放浓度低。粉煤灰经密闭系统排出，无二次污染。检测结果表明，煤粉工业锅炉系统烟尘、二氧化硫、氮氧化物排放指标均优于国家标准。

四节约。节能降耗：实践证明，煤粉工业锅炉系统节煤、节地、节人、节电效果明显。由于采用先进的燃烧技术，锅炉热效率大幅提高，可达 90% 以上，与传统燃煤锅炉相比，热效率提高 20% ~ 30%，节煤 30% ~ 50%。锅炉房无堆煤场与渣场，占地面积减少 50%。锅炉操作简单，测控水平高，大大降低了人工成本，实现节约人力 40% ~ 50%。对较大功率设备采用变频器控制，节电 15% ~ 20%。

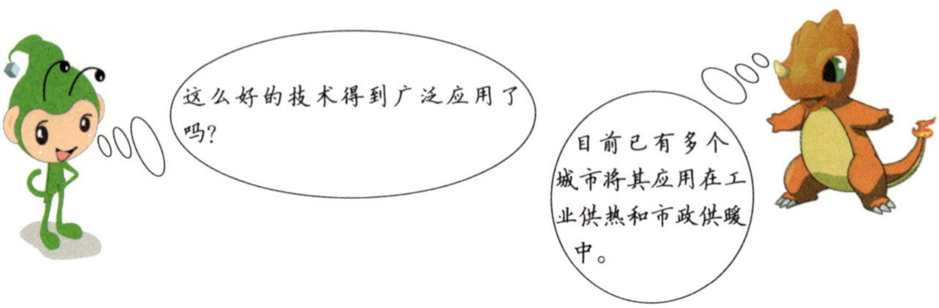

我国最知名的亿吨级煤炭基地——神府东胜矿区，建设了 6 个共配置 23 台高效煤粉工业锅炉的锅炉房（图 3-55），服务半径 180 千米，每小时的蒸汽总产量可达 500 吨，生产的蒸汽可为矿井供热，给在矿区办公、生活的人提供暖气和浴水。自 2010 年陆续投入运行以来，每年的蒸汽产量已达到 100 万吨以上，锅炉热效率可达 90% 以上，经第三方检测，烟尘、二氧化硫和氮氧化物的减排率分别达到了 97%、67% 和 63%。

图 3-55　内蒙古东胜某矿区煤粉工业锅炉房

煤粉工业锅炉不仅可以应用在工业园区，而且在城市供热中同样可以发挥巨大的作用。例如天津的外环新技术产业园煤粉工业锅炉系统（图 3-56），于 2015 年 10 月建成投产，已连续稳定运行了 2015—2016 年和 2016—2017 年两个完整的采暖季，供热面积 625 万米 ^{2}。经第三方测试，锅炉平均燃烧效率 99.8%，热效率 91.32%，烟尘排放≤ 5 毫克 / 米 ^{3}、SO_2 排放≤ 25 毫克 / 米 ^{3}、NO_x 排放≤ 85 毫克 / 米 ^{3}，达到了与天然气锅炉相当的能源利用效率和污染物排放水平。并且 2016—2017 年采暖季共节煤 1.8 万吨，按市价 700 元 / 吨估算，节约燃料费用约 1260 万元。

目前煤粉工业锅炉技术还需在系统工艺参数优化、煤种适应性拓展、燃煤链条锅炉改造、超低排放烟气净化技术等方面进行提升，使煤粉工业锅炉系统更高效、更环保、更安全、更可靠。

图 3-56　天津外环新技术产业园煤粉工业锅炉房

但这种高效低污染的燃烧技术还需要政府的强力推广政策，只有政府推动，那些供热、供气的工业锅炉，以及烧玻璃和水泥的小窑炉才愿意应用高效低污染的煤粉工业锅炉。也只有这样，才能真正降低这些小锅炉、小窑炉的燃煤污染问题。

治理民用散烧污染：洁净型煤与兰炭

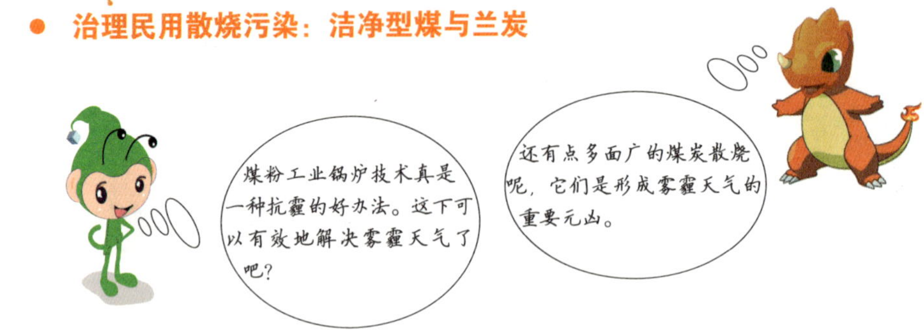

在我国边远的农村和山区，煤炭散烧非常普遍，主要包括日常炊事、取暖，小型的砖窑、陶瓷窑炉及其他小容量锅炉。这些土制燃煤炉具或者小型锅炉采用直接燃烧、直接排放的方式，燃烧流程短、燃烧效率低；再加上受价格因素的影响，人们使用的往往是劣质散煤。劣质煤、落后的燃烧工具和燃烧方式，再加上监管力度不够，使煤炭散烧带来的污染十分严重。

你可能觉得一台小小的火炉，或者一个小砖窑，一年也产生不了多少烟气，但是据统计，我国有2亿人是分散居住的，他们都有散烧煤炭的可能，尤其在北方地区冬季大规模燃煤取暖时，散煤燃烧情况更甚。在一些地区，规模较小的烧砖及烧制陶瓷、玻璃的作坊分布较为密集，甚至一个村庄家家都有小窑炉，这些都是污染的源头。虽然每台炉子释放的污染物不多，但炉子的总数不容小觑，并且分散的面非常广，是造成雾霾天气的重要“帮凶”（图3-57）。

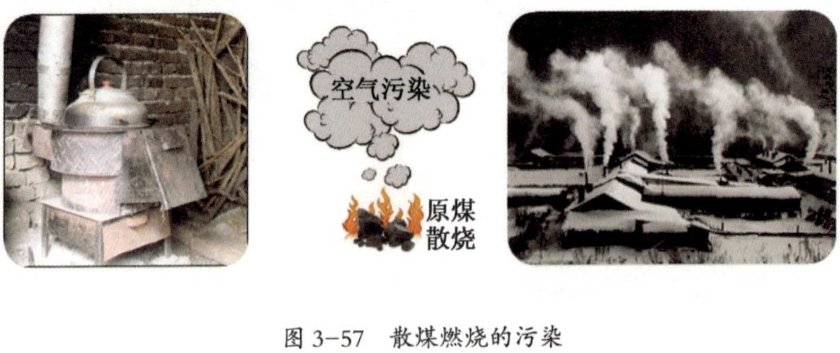

图3-57　散煤燃烧的污染

为了减少散煤燃烧造成的危害，国家和地方都出台了一系列政策来治理工业窑炉：无环评审批手续的各类窑炉以及各类产业政策明确列入淘汰类的土窑一律关停；对有环评审批手续但污染物不能稳定达标排放的窑炉，纳入升级改造类别，鼓励企业更换为天然气、液化气等清洁燃料，或采用低氮燃煤技术，改进烟气处理设备，使燃煤锅炉达到环保要求；对一个区域内（如村、镇、街道等）生产工艺相同、规模小、布局不合理的各类窑炉，政府应鼓励引导进行重组整合，减少窑炉数量，集中治理。

小工厂、小作坊中的窑炉需要治理，民用的生活燃煤污染也不能忽视。除了加大集中供暖推广力度，鼓励人们用电、气等更清洁的燃料进行炊事活动外，科研工作者们在清洁煤炭制品、节能环保炉具以及清洁能源替代等方面也开展了相关研究，并取得很大进展。

清洁煤炭制品主要包括低硫无烟煤、洁净型煤以及兰炭等，用以替代劣质烟煤，能够减少二氧化硫和颗粒物的排放。低硫无烟煤价格较贵，因此目前主要使用洁净型煤和兰炭。

为了鼓励人们使用清洁煤炭，各地政府部门相继出台了政策文件，建立规模化的洁净煤配煤中心，为一定距离内洁净型煤厂提供原料，从原料源头对洁净型煤煤质进行有效控制和监管，以保证型煤产品的质量，并给予一定的财政补贴，加大对洁净煤和洁净型煤的推广力度。

总的来说，民用散煤治理过程是民用洁净煤和型煤逐步替代烟煤的过程，从优质洁净煤源选择、洁净型煤厂建设、型煤产品配送、型煤推广到居民普遍使用，是一个循序渐进的过程，需要一定的推广时间。同时，在洁净型煤推广过程中还需要转变居民的燃煤习惯并增强环保意识。

小贴士：洁净型煤（图 3-58）

洁净型煤以低硫、低灰、高热值的优质无烟煤为主要原料，加入固硫、黏合、助燃等有机添加剂加工而成，具有清洁环保、燃烧高效、使用方便、安全无毒等特点。

图 3-58　洁净型煤

清洁煤炭必须有配套的炉具才能真正达到洁净燃烧的效果。研发人员对清洁型煤应该配套的炉具进行了持续研发（图 3-59）。新型节能炉具与传统土炉子相比，具有热效率高、燃料燃烧充分、烟气中污染物浓度低等特点。专业机构检测结果表明，在保证煤炭质量的前提下，配套专用清洁燃烧技术的炉具，热性能和污染物排放指标均能达到国家标准。

图 3-59　新型节能炉具

六、联合攻关，煤化工废水近零排放

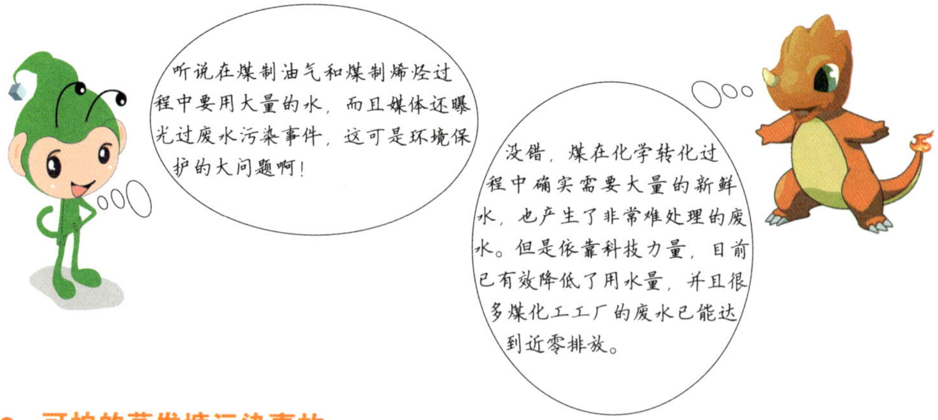

● 可怕的蒸发塘污染事故

煤的化学转化，即煤化工，是煤炭经过气化、液化、热解和化学合成等化学加工方法转化为清洁能源或煤基化学品的过程。

由于煤化工与传统石油化工的工艺路线不同，一个是含有更多杂质的固体煤炭，另一个是杂质较少的液体原油，要进行化学加工转化，煤炭比原油加工困难得多，在生产过程中的耗水量也会较多，相应地产生的废水也较多。并且由于煤中带有多种杂质，导致煤化工废水更加难以处理。同时，由于煤制油气和煤制烯烃等新型的煤化工项目近些年才开始示范运营，是一个新兴产业，对其废水的处理也是一个由摸索到创新发展的过程。因此，不可避免的，在示范期间出现了很多媒体曝光的污染事件，有的影响还非常大。

2014 年 9 月 6 日，内蒙古自治区腾格里沙漠腹地污染问题（图 3-60）遭到媒体曝光，国家领导人作出重要批示，由国务院专门成立督察组，敦促大规模整改。这样，一个叫“蒸发塘”的名词成为众矢之的。

在腾格里沙漠污染事件中，当地牧民反映，一些化工企业将未经处理的废水排入排污池，让其自然蒸发，然后将黏稠的沉淀物用铲车铲出，直接埋在沙漠里面。而在沙漠深处，一些足球场大小的排污池，其实就是这

图 3-60　被污染的腾格里沙漠

些化工企业建的蒸发池，每个长 250 米、宽 180 米。这些蒸发池有的注满墨汁样的液体，有的是黑色的泥浆，上空还飘着有难闻异味的白色烟雾。据专家透露，沙漠地下水系统一旦被污染后，修复几乎是不可能的。据当地正在作业的工人介绍，池里的液体和底泥腐蚀性很吓人，连车胎都可以腐蚀，手套、衣服不小心沾上也会变色。

蒸发塘曾经是部分化工企业储存经过处理达标后的废水的常用设施，目的是通过自然蒸发消耗掉多余的废水。近年来，由于部分煤化工项目所产的废水难以处理，将不达标的废水也送入蒸发塘，也有的蒸发塘由于各种原因出现过各类问题，在当地造成不良影响。这样，蒸发塘再次闯入人们的视线。

当然，被曝光的蒸发塘事件远不止来自煤化工项目，近几年来，造纸、染料、制药等行业建在西北地区的工业项目都开始采用这种事半功倍的“环保设施”。而我国新型煤化工项目示范地基本都集中在西北地区。这是一个水资源严重匮乏，生态脆弱的区域。

设置蒸发塘的初始目的，是为了利用西北地区日照时间长、蒸发量大的优势，将经处理后的盐分含量较高、化学需氧量（COD）较低的污水导入蒸发塘，将其进行自然蒸发浓缩结晶。然而一些化工企业却把蒸发塘当作污水暂存池、事故池，将大量未经处理的高浓度、高毒性污水直接排入，于是造成了严重的环境污染事故，影响十分恶劣。

那么，是不是要彻底取缔蒸发塘？客观上讲，应该实事求是地进行分析。

从技术上讲，不应给蒸发塘“判死刑”，因为造成污染的错不在蒸发塘本身。只要前期废水处理到位，蒸发塘防渗做得好，蒸发塘是符合多快好省原则的。

● 科技发力，煤化工废水可以近零排放

经过多年科技攻关，煤化工废水处理情况到底如何呢？

先让我们了解一下在内蒙古鄂尔多斯崛起的某个煤制油项目生产基地的情况。这里，不仅春季、夏季有成片的绿荫、盛开的鲜花，更重要的是原来的污水池成为清洁的养鱼池，成群的小鱼结伴畅游着……而用来浇灌植被、养殖小鱼的水正是煤制油生产过程中产生的废水经多道工序处理后的达标水。

一位工作十多年的员工介绍“我们刚来这里的时候一片荒芜，四周几乎看不到绿色，工厂里不忙的时候我们就自己动手种花、栽树、铺草坪。但这里日照时间比较长，夏天雨水还少，不浇水根本活不了，所以水的问题是最重要的。而现在问题解决了，经过厂里污水处理系统排出来的水就可以用来绿化了”。同时他还自信的说“经过我们这套污水处理系统的产品水非常干净，基本达到饮用水的标准，有时候我在现场忙的时候渴了也会接一杯直接喝，没有一点异味，喝起来跟纯净水似的”。内蒙古鄂尔多斯煤制油工厂废水处理前后污水池的对比如图 3-61 所示。

图 3-61　内蒙古鄂尔多斯煤制油工厂废水处理前后污水池的对比

不仅如此，煤制油废水目前还达到了近零排放。他们经过科技攻关，污水深度处理系统出水的化学需氧量(COD)、硫化物、挥发酚浓度都小于检测限值（5毫克/升、0.005毫克/升和0.0003毫克/升），氨氮、氰化物（一种剧毒化学品）、石油类、苯和甲苯最大日均值分别为1.5毫克/升、0.004毫克/升、0.15毫克/升、0.77微克/升和0.87微克/升，其中COD、石油类污染物符合企业回用水标准。厂区周边和排水管线沿线地下水pH值、总硬度、氨氮、高锰酸盐指数、氰化物、挥发性酚类、砷、汞、铅等因子的检测值符合《地下水质量标准》（GB/T 14848-1993）Ⅲ类标准限值要求（图3-62）。不仅如此，还在最后的蒸发结晶环节生产出了工业盐（图3-63）。

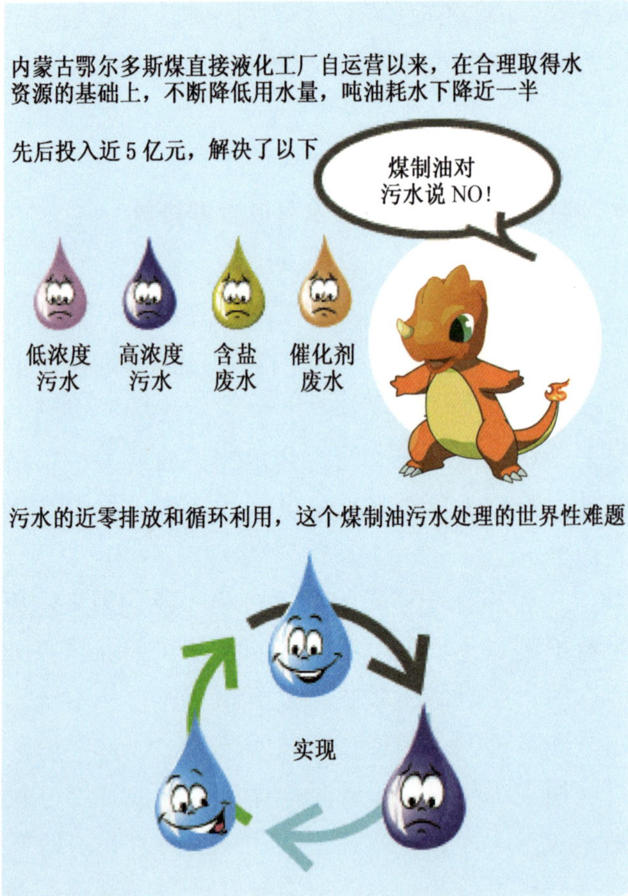

图3-62　煤制油污水近零排放示意图

图3-63　内蒙古鄂尔多斯煤制油工厂利用浓盐废水生产出的工业盐产品

而在内蒙古鄂尔多斯图克的另一处煤化工工厂，煤化工废水也已近零排放。该厂采用BGL煤气化工艺，是一种由鲁奇炉气化改进的移动床加压气化技术。该厂经煤气化后产生的废水为高浓度酚氨废水，也属于极难处理的废水。废水中的主要污染物成分有单元酚、多元酚、氨氮、有机氮、脂肪酸及其他较少量的芳香烃、萘、蒽、噻吩、吡啶等难降解有机物，废水的可生化性较差。

这个煤化工厂面对这种极难处理的废水，投入了大量的人力、物力，上马了一套先进的水处理系统。经过15个月的稳定运行，COD、氨氮、挥发酚和总酚的去除率分别达到98%、99%、100% 和98%，出水水质不仅满足化工行业标准《循环冷却水用再生水水质标准》(HG/T 3923—2007)要求，生化处理系统的出水还会100%回用至原水系统。同时每天有600 ~ 720吨的高浓盐水进入蒸发器系统，最终产生12 ~ 20吨盐。具体水质控制指标见表3-2。

表3-2　某煤化工企业废水处理的水质控制指标

项　　目	标准要求	水质指标
pH值	6.0 ~ 9.0	6.0 ~ 9.0
总铁（以Fe^{2+}计）/（毫克·升$^{-1}$）	≤ 0.3	≤ 0.3
COD_{cr}/（毫克·升$^{-1}$）	≤ 80	≤ 60
BOD_5/（毫克·升$^{-1}$）	≤ 5	≤ 5
氨态氮/（毫克·升$^{-1}$）	≤ 15	≤ 15
硫化物/（毫克·升$^{-1}$）	≤ 0.1	≤ 0.1
油含量/（毫克·升$^{-1}$）	≤ 0.5	≤ 0.5
总磷(以PO_4^{3-}计)/(毫克·升$^{-1}$)	≤ 5	≤ 5
细菌总数/（个·毫升$^{-1}$）	≤ 1.0×10^4	≤ 1.0×10^4

知识链接：芳香烃、酚、萘、蒽、噻吩、吡啶是什么意思？

芳香烃，通常指分子中含有苯环结构的碳氢化合物。历史上早期发现的这类化合物多有芳香味道，所以称这些烃类物质为芳香烃，后来发现的不具有芳香味道的含苯环的烃类也都统一沿用这种叫法，例如苯、二甲苯、萘等。长期接触或吸入稠环芳烃如萘（俗称卫生球，过去用来驱蚊防霉）等则会致癌，许多稠环芳烃是强烈的致癌物质，如苯并芘等。

酚，羟基（—OH）与芳烃核（苯环或稠苯环）直接相连形成的有机化合物。酚类化合物种类繁多，有苯酚、甲酚、氨基酚、硝基酚、萘酚、氯酚等，而以苯酚、甲酚污染最突出。酚对水产和微生物、农作物都有一定的毒害。水中含酚 0.1 ~ 0.2 毫克 / 升时，鱼肉即有臭味不能食用；6.5 ~ 9.3 毫克 / 升时，能破坏鱼的鳃和咽，使其腹腔出血、脾肿大甚至死亡。含酚浓度高于 100 毫克 / 升的废水直接灌入农田，会引起农作物枯死和减产。

萘，一种稠环芳香烃，是有机化合物，无色，有毒，易升华并有特殊气味的片状晶体。以往的卫生球就是用萘制成的，但由于萘的毒性，现在卫生球已经禁止使用萘作为成分。

蒽，也叫闪烁晶体，一种含 3 个环的稠环芳烃，存在于煤焦油中，纯品基本无毒，但工业品因含有菲、咔唑等杂质，毒性明显增大。

噻吩，一种含有硫元素的杂环化合物。常温下，噻吩是一种无色、有恶臭、能催泪的液体，有类似苯的芳香气味。

吡啶，俗称氮苯，可以看作苯分子中的一个（CH）被 N 取代的有机化合物，为无色或微黄色液体，有恶臭。

联合攻关，废水回用、近零排放

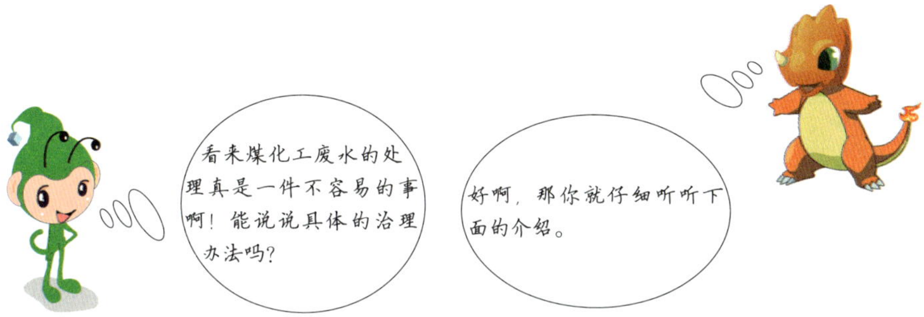

到2017年上半年，已有多个煤化工企业的废水处理达到近零排放水平。但这些成绩的取得，绝不是轻轻松松就能达到的，而是相关企业联合科研院所合力攻关，付出艰辛的不懈努力取得的。因为煤化工废水是世界公认的极难处理的工业废水。

极难处理的煤化工废水

为什么煤化工项目的废水这么难以处理？因为煤化工废水特别是煤气化装置和煤液化装置产生的废水中有机污染物种类繁多，化学组成十分复杂，污染物浓度非常高，含有很多有毒、有害物质，可生化性较差，处理难度非常高。若不经过有效处理直接外排，将会给生态环境造成不可逆的巨大破坏，并且污染地下水后还对人的身体健康造成非常大的损害。

一般按照所含污染物种类，可把煤化工废水分为两类，一类是有机废水，主要来源于煤气化工艺废水及生活污水等，其特点是污染物以COD为主；另一类是含盐废水，主要来源于生产过程中煤气洗涤废水、循环水系统排水、回用系统浓水等，特点是含盐量高。煤化工项目有机废水的水质差异主要取决于煤化工项目关键环节所采用的煤气化工艺，煤气化工艺按照气化温度不同，可分为高温气化和低温气化两大类，高温气化产生的废水成分相对简单，几乎不含酚类物质，COD也较低，一般为300～500毫克/升，低温气化工艺产生的废水成分较为复杂，含有大量酚、油、氨氮等有毒有害物质，其 COD 为 3000 ~ 5000 毫克 / 升，BOD 为 1170 ~ 2000 毫克 / 升，总酚含量为 620 ~ 800 毫克 / 升（其中 2/3 为多元酚），总氨为 200 ~ 400 毫克 / 升，采用一般的生化工艺很难处理，需要设置焦油和酚氨回收装置进行预处理。

以上煤化工废水中的 COD 和 BOD 的值比一般工业废水要超出好几倍，可以想象这种废水有多难处理。加上煤气化工艺种类繁多，高温和低温气化都有，不同煤质采用不同气化工艺，其产生的废水污染物含量也都不相同，但唯一相同的就是都非常难以处理。

知识链接：何谓 COD 和 BOD?

COD（Chemical Oxygen Demand），即化学需氧量，是以化学方法测量水样中需要被氧化的还原性物质的量。废水、废水处理厂出水和受污染的水中，能被强氧化剂氧化的物质（一般为有机物）的氧当量。在河流污染和工业废水性质的研究以及废水处理厂的运行管理中，它是一个重要的而且能较快测定的有机物污染参数，常以符号 COD 表示。COD 的单位为 ppm 或毫克 / 升，其值越小，说明水质污染程度越轻。

BOD（Biochemical Oxygen Demand），即生化需氧量，是指水中微生物分解有机物过程中消耗水中的溶解氧的量，常用单位为毫克 / 升。一般有机物在微生物作用下，其降解过程可分为两个阶段：第一阶段是有机物转化为二氧化碳、氨和水的过程；第二阶段则是氨进一步在亚硝化细菌和硝化细菌的作用下，转化为亚硝酸盐和硝酸盐，即所谓硝化过程。BOD 一般指的是第一阶段生化反应的耗氧量。BOD 反映水体中可被微生物分解的有机物总量，以每升水中消耗溶解氧的毫克数来表示。BOD 小于 1 毫克 / 升表示水体清洁；大于 3 ~ 4 毫克 / 升，表示受到有机物的污染。

- **源头治理，分类治理，层层突破，近零排放**

而要解决问题，必须要追溯废水源头。只有搞清煤化工废水产生的源头，对生产中不同来源的废水进行分类处理，每一环节的废水都处理达标了，最终汇合的出厂废水再进行集中处理和治理才能达标回用。经过曲折的艰难求索，科研工作者发现，只要本着“清污分流、污污治理、一水多用”的原则，就能避免生产终端废水难以处理、超标排放的恶果；从而将废水循环回用，应对西部地区水资源短缺的挑战。

要把煤化工废水近零排放、无害循环利用，或变成清澈的绿化和养鱼用水，只依靠“清污分流、污污治理、一水多用”的原则还远远不够，必须要下大功夫才能解决这一世界性的科技难题。科技无限，创新无限。我国相关科研工作者秉持绿色发展的使命担当精神，联合相关科研院所合力攻关，研发出煤化工废水处理的“黑科技”，实现了煤化工废水的近零排放（图 3-64）。

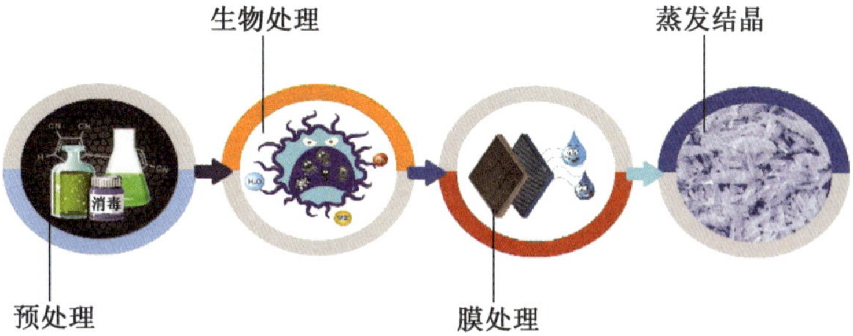

图 3-64　煤化工废水处理工序的示意图

第一道工序，预处理。

这道工序的主要目的是回收煤气化装置和煤液化装置产生的高浓度有机废水中部分经济价值较高的物质（如酚、氨等），并去除浓度过高的油及其他生物毒性物质，从而降低废水的毒性，提高后续微生物处理工艺的效率。

第二道工序，生物处理。

经过第一道工序，生物细菌就可以好好发挥作用了。这些生物细菌可以“吃掉”大部分的有机污染物。

但怎么个“吃法”？主要分为厌氧、兼氧和好氧3个阶段。每一段生物处理装置内填装不同的生物载体，微生物经过不断驯化，能够适应煤气化装置和煤液化装置产生的高浓度废水，再经过培养增殖后，附着在生物载体上，这些微生物在新陈代谢过程中，“吃掉”废水中的有机污染物作为营养源和能量，并最终将其转化成无害的二氧化碳气体和水排出，从而使污水得到净化。在这一工序，经预处理后的煤化工废水中90%以上的有机物可以被微生物处理掉。

为了使生物处理后的废水中含有的难降解有机物得到充分去除，避免在后续膜处理工艺中造成膜污染，有时还会采用高级氧化工艺对生化出水进一步处理。在高级氧化工序中，要发挥强氧化剂的作用，一般是采用臭氧氧化技术，有时还需要使用催化剂来强化这一过程。

由于煤气化装置和煤液化装置产生高浓度废水的特性，经过预处理和生物处理后，可能仍然含有少量顽固的没有被降解的高分子环状的有机污染物。这部分有机物就是使煤化工废水变成棕红色的“罪魁祸首”，影响废水的循环利用。但必须在催化剂的作用下才能使这些有机污染物进行氧化。氧化后，高分子降解为小分子，同时废水的色度也变浅了。经过臭氧氧化处理后的高浓度废水可以达到无色透明状态。

第三道工序，膜处理。

在这一工序中要采用反渗透膜过滤技术，来降低废水中的盐含量。具体过程是通过向废水加压，使废水中的水分子（溶剂）向半透膜的另一侧迁移，但是废水中溶解的盐类（溶质）无法通过半透膜，因此可以实现废水中盐分与水分的有效分离。一般情况下，循环水系统排放的废水以及经过生物处理甚至高级氧化处理后的废水，可以通过反渗透装置处理回用75%接近纯净水品质的再生水。通过采用优化的系统设计，一些煤化工废水的膜处理工艺可以回收90%～95%的再生水。

第四道工序，蒸发结晶。

这一工序是把经膜处理后的浓盐水进一步进行蒸发结晶，资源化利用。

在反渗透膜处理产生高品质回用水的同时会产生 5% ~ 25% 的浓盐水，蒸发结晶技术是彻底实现废水近零排放的最佳选择。

废水蒸发技术是利用蒸汽加热的原理让废水中的大部分水蒸发出来，然后通过冷凝蒸汽回收淡水。而经过蒸发装置处理后剩余的残液（浓盐液）就是高含盐的废水，如果前期处理比较彻底，基本不含有毒有害物质，可以直接排放到蒸发塘进行自然蒸发，也可以通过结晶技术进一步处理。在这个过程中还可以根据浓盐水中盐分含量的不同，分别回收多种有价值的成分，真正实现废水的资源化利用。

对于大众十分关心的蒸发塘问题，煤化工企业也付出了巨大努力。下面仅举例说明。某企业在生产之初配套建设有 E1 浓缩液蒸发塘，为了防止蒸发塘事故，他们采取强制蒸发措施，以减少蒸发塘内废水，将 10 万米^{3}蒸发塘内废水基本清空，制定了蒸发塘溃坝现场处置方案并配备了应急物资。同时，还采用涂刷水泥基渗透结晶抗渗涂料对全厂防渗区域进行了防渗改造。另外，他们在雨排系统和污水处理系统之间还设置了切换阀门，建设了 2 个 6500 米^{3}的事故应急池。经过考核验收，蒸发塘相关各项指标都优于考核标准。所以只要科技跟得上，过去那种可怕的蒸发塘污染事故将不再重演。

七、遏制温室效应，碳减排在行动

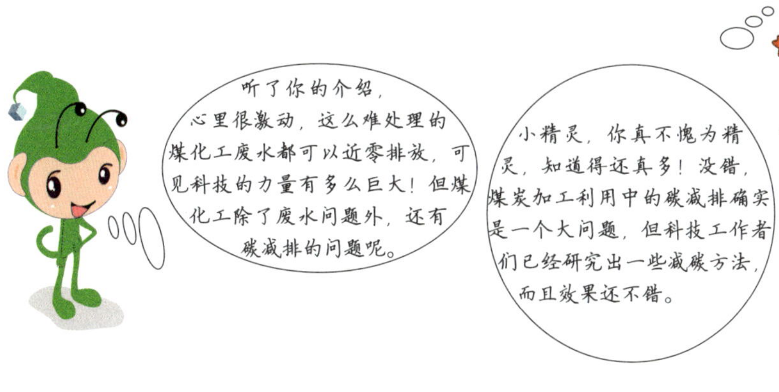

● 碳减排形势严峻

自人类进入工业化时代以来，伴随大量的人类活动和经济的高速发展，特别是工业生产过程中燃烧化石燃料（主要是煤炭、石油）导致地球大气中二氧化碳等温室气体浓度不断上升，致使全球气候变暖，造成温室效应。

世界气象组织发布的年度《温室气体公报》中称，全球大气中的二氧化碳平均浓度在 2015 年首次达到 0.04%，为工业化前的 144%。英国气象办公室对气象数据的分析表明，2015 年地表温度已经相比工业革命前的水平上升了 1.02℃。而据科学家预测，如果全球气温上升 2～3℃，对地球和人类将会带来灾难性的后果，比如海平面上升、冰川和冻土消融、物种灭绝、病菌肆虐和极端气候——如厄尔尼诺、拉尼娜现象等，如图 3-65 所示。因此，气候变暖及引起的一系列环境问题和社会问题成为全球关注的热点，如何减少大气中二氧化碳含量也成了人类面临的挑战。联合国层面自 1988 年开始开展了一系列碳减排行动，如图 3-66 所示。

图 3-65　严峻的气候变暖形势

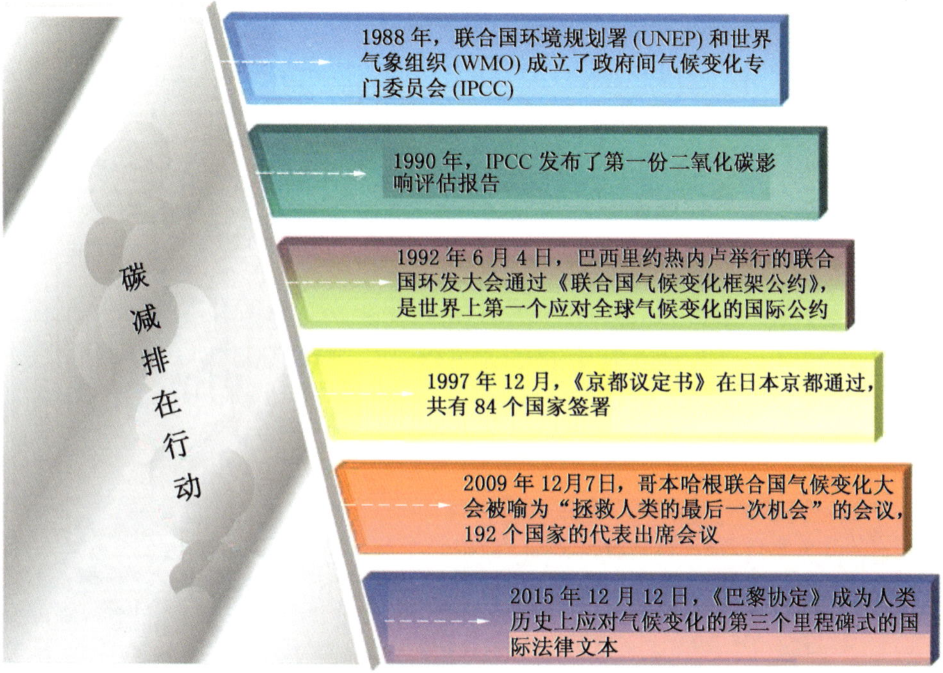

图 3-66　联合国层面系列碳减排行动

碳减排就是减少二氧化碳的排放量，减缓大气中二氧化碳浓度的增长速度或降低其浓度。而如何在煤炭加工利用过程中减少二氧化碳的排放？首先就要分析煤炭最广泛的两个用途，即燃料和原料两大用途。作为居民散烧的燃料煤，二氧化碳排放太分散极难捕集和回收，作为发电的燃料煤在电厂烟道气中含有的二氧化碳浓度一般为 10% ~ 15%，如果技术达到一定程度是可以捕收利用的，从而达到减排；而作为化工原料的煤炭，在进行化学转化过程中，排出的二氧化碳浓度可高达 80% 以上，捕收相对容易，而且也便于集中利用，减排的量也较大。

将碳埋入地下深处

如果将大量二氧化碳压缩后埋入很深的地下空间，将是碳减排的一个好办法。目前人类已经做到了。这个好办法叫作碳捕集与封存（CCS）。

CCS 是指将排放源所产生的二氧化碳（CO_2）收集起来储存，再输送到一个封存地点，并且长期与大气隔绝的一个过程。CCS 技术被认为是未来大规模减少温室气体排放、减缓全球变暖最有效、最现实可行的方法。

二氧化碳封存的方法有很多种，一般来说可分为地质封存和海洋封存两类。地质封存一般是将超临界状态（气态及液态的混合体）的 CO_2 注入地质结构中，这些地质结构可以是油田、气田、咸水层、无法开采的煤矿等，二氧化碳可以在相当长的时间内被封存（图 3-67）。若地质封存点经过谨慎选择、设计与管理，注入其中的 CO_2 可以 99% 封存 1000 年以上。总地来说，近年来各国都对二氧化碳地质封存技术开展了深入研究并取得了突破性进展，但对海洋封存的探索还比较少。

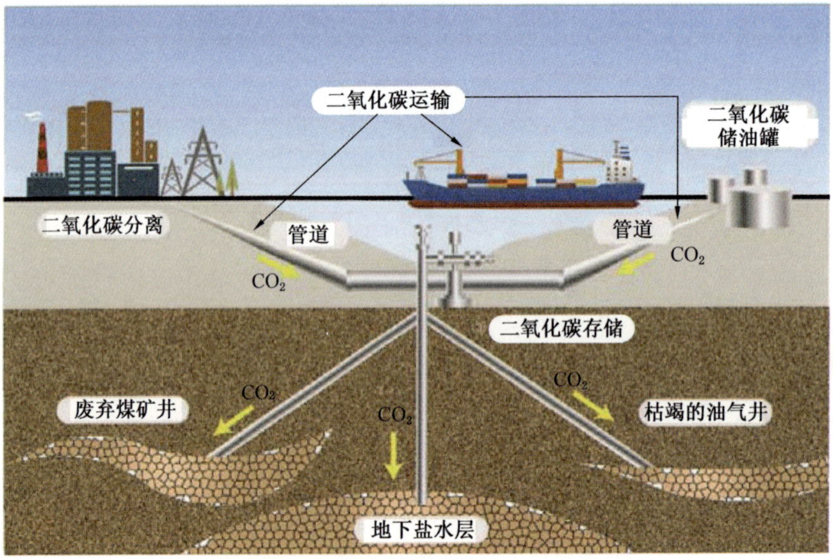

图 3-67 碳捕集与封存示意图

我国拥有目前亚洲最大的 CCS 示范项目。该项目是内蒙古鄂尔多斯煤制油示范厂进行的碳减排项目。其主要工艺是首先将二氧化碳通过压缩、净化、液化、提纯等工艺处理到适合地下封存的条件，然后用低温液体槽车将液体二氧化碳运送到距离捕集装置 17 千米的封存区域，卸入缓冲罐内暂存，然后从罐底引出进入封存泵，升压、升温后通过注入井注入地下

2000米以下的咸水层，并通过岩性较致密的盖层实现密封。

该项目设置一口注入井和两口监测井，其中两口监测井与注入井分别距离50米和80米。通过监测井时刻监测二氧化碳的扩散、运移状态以及对二氧化碳万一泄漏采取提前预警等。

2011年1月2日，捕集区生产出合格的CO_2用罐车顺利运至封存区。上午10时罐车内-20℃、2兆帕的液态CO_2缓缓卸入充满氮气（1.8兆帕）的缓冲槽，槽内液位达到60%时停止继续卸车，开始准备注入地下。缓慢打开引压线，压力平衡后，启动泵出口电加热器、注入泵，注入泵转速从20%升到100%，共注入二氧化碳6.6米^{3}合计6.8吨。至此，10万吨/年CCS示范工程打通全流程，成功将超临界状态二氧化碳注入2243.6米深的山西组地层，标志着我国首个10万吨/年CCS示范工程打通全流程并成功试注。

10万吨/年CCS示范项目每年可减少5100万米^{3}二氧化碳的排放量，相当于274公顷阔叶林一年吸收储存的二氧化碳总量。

● 以“碳”驱油，提高油产率

将碳封存在地下不向空气中排放确实是碳减排的一条有效途径，但如何让煤炭加工利用过程中产生的二氧化碳更有作为？一些科研工作者研发出一条可以让二氧化碳作为石油开采时有效的驱油气体的利用途径。

苏联最早从1953年开始对注二氧化碳提高采收率技术进行研究。1967年苏联石油科学研究院在图依马津油田的亚历山德罗夫区块进行了工业性基础试验，并取得了较好的应用效果。美国是二氧化碳驱油发展最快的国家，自20世纪80年代以来，美国的二氧化碳驱油项目不断增加，已成为继蒸汽驱油之后的第二大提高油品采收率技术。美国目前正在实施的混二氧化碳相驱项目有64个。大部分油田驱替方案中，注入的二氧化碳体积约占烃类孔隙体积的30%，提高采收率的幅度为7%～12%。近年来，加拿大和土耳其对二氧化碳驱油开采重油也进行了大量的实验研究。土耳其大规模采用二氧化碳驱油，提高重油采收率的工艺，并获得了很大成功。加拿大也通过实验证实二氧化碳溶解在原油中可使原油黏度降低，并且可以把黏度降低到用蒸汽驱替的水平。

国内的研究开发是怎样的？我国东部主要产油区二氧化碳气源较少，但注二氧化碳提高采收率技术的研究和现场先导试验却一直没有停止。注二氧化碳技术在油田的应用越来越多，已在江苏、中原、大庆、胜利等油田进行了现场试验。

我国对二氧化碳驱油技术也进行了大量的前期研究。例如，大庆油田利用炼油厂加氢车间的副产品——高纯度二氧化碳（96%）进行二氧化碳驱油试验。虽然该矿场试验由于油藏的非均质性导致的气窜影响了驱油效率，但总体上还是取得了降低含水率、提高原油采收率的效果。针对胜利油田特超稠油油质黏度大、埋藏深的特点，从 2005 年起胜利采油院与胜利石油开发中心合作，在郑 411、T826 等特超稠油区开始二氧化碳辅助蒸汽吞吐

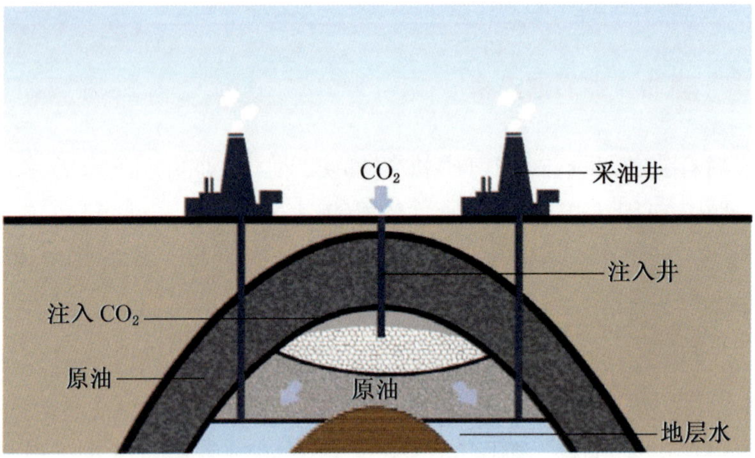

图 3-68 二氧化碳驱油示意图

的试验，首次把二氧化碳和水蒸气结合起来应用于热力采油，并据此展开更深入的理论研究，不断提高热采配套工艺技术水平。之后各种研发也基本上是利用石化生产过程中产生的二氧化碳来进行驱油（图 3-68）。如 2009 年 5 月 22 日在大庆油田公司榆树林油田进行的二氧化碳驱油区块研发等。

● 吸“碳”助手——碳汇林

当前正发生着以气温持续升高、全球变暖为主要特征的气候变化，这种变化对地球生态系统、农业林业、水资源以及人类健康都将产生广泛、深远和复杂的负面影响。而引起全球变暖的主要原因就是二氧化碳等温室气体的过多排放，能不能找到一个低成本、容易实施的减排途径？碳汇林（图 3-69）应运而生。因为森林具有吸收二氧化碳并且能释放氧气的功能，而且通过植树造林和森林保护等措施吸收固定二氧化碳，不仅生态环保，其成本也远低于工业减排。

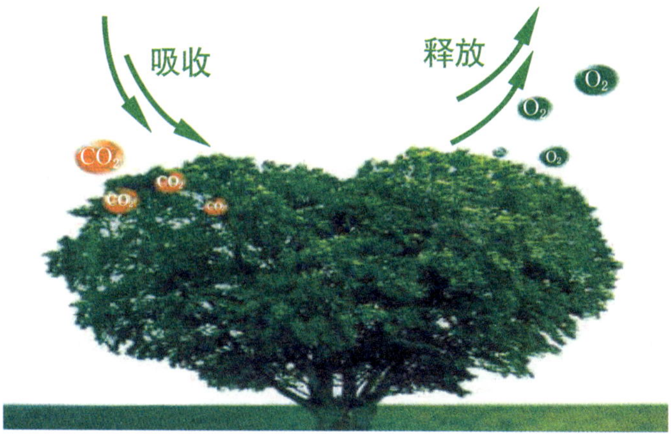

图 3-69 碳汇林示意图

2009 年 9 月 1 日，北京市某中学师生向中国绿色碳基金会捐出了他们的压岁钱和零花钱，营建面积 1 万米^{2}的“碳汇科普林”，来度过这个具有纪念意义的开学日，成为全国首个拥有“碳汇科普林”教育基地的学校。该校校长表示“孩子是祖国的未来，生态文明教育要从娃娃抓起，‘碳汇科普林’建设将作为一个长期、固定的教育环节坚持下去，培养孩子们积极参与林业碳汇工作和应对气候变化的热情，培养广大学生热爱自然、热爱森林的情操”。

一般煤化工项目占地规模较大，在工厂周围建设碳汇林是一个简单易行的很好选择。目前，在各大煤化工园区，一般都可以见到大片的碳汇林。

截至2017年3月，我国已建成和在建的碳汇林项目有93个，主要种植以马尾松、杨树、湿地松、杉木、樟子松、落叶松为主的乔木林和灌木。

● “碳发电”“海藻吸碳”和碳的化学加工等

除了上述大宗的二氧化碳工业化利用外，科研工作者还在研发更多的二氧化碳利用途径。其中有将二氧化碳作为驱动汽轮机发电，有将二氧化碳作为化工原料生产含碳量高的化学品，还有利用海藻来吸附二氧化碳等。另外，利用二氧化碳制取功能饮料已经工业化了。2017年，在二氧化碳制取烯烃、甲醇、汽油、合成气以及可降解塑料领域，均取得了较大进展（图3-70）。

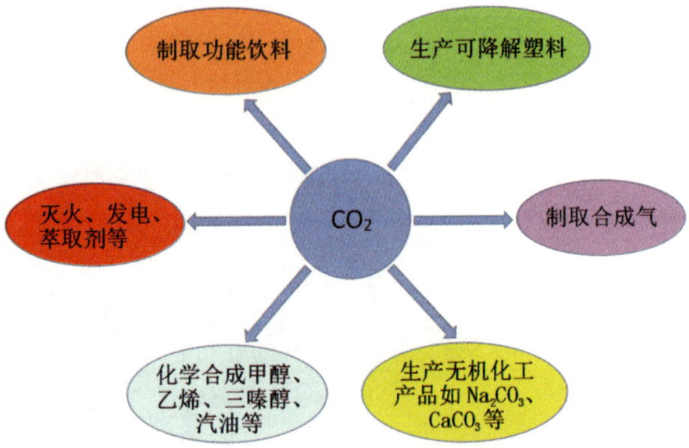

图3-70 二氧化碳的其他用途

2014年2月19日，一煤化工大型国企加入了二氧化碳捕集利用与封存产业技术（CCUS）创新联盟，并成为联盟的常务理事长单位。该联盟是在国家科技部指导下，为了应对气候变化的重大需求，围绕国家战略性产业的关键共性技术进行的协同创新，以便提升我国二氧化碳捕集、利用技术水平，提高产业的核心竞争力。

CCUS 联盟的主要任务是重点进行捕集、资源化利用与封存关键技术的研发、集成、中试和工程示范，并以示范项目为平台，带动基地建设和关键技术发展，形成完整的二氧化碳捕集、利用与封存基础研究及技术开发平台，建立起具有国际竞争力的研究团队，掌握主要关键技术和我国经济条件下不同技术路线的经济和技术特性。

社会的发展将人类推进到了从工业文明时代向生态文明时代转折的时期，大力倡导低碳经济，建设生态文明，将成为全球各国的主旋律。因此，针对煤在开发利用过程中产生的二氧化碳，应该及早研发出更易工业化集中应用的经济性好的利用方式，这样煤炭行业才能顺应生态低碳绿色发展的要求，实现可持续发展。

结语

顺势而为，自我革命

——“煤”好未来

2015 年 12 月 18 日，英国最后一家深层煤矿正式关闭，一个时代就此终结。曾几何时，煤炭作为重要燃料与人类的工业革命和英国的国运息息相关。那个时候，煤炭工业是英国经济增长的核心，巅峰时期拥有约 120 万从业人员和 3000 多家煤矿。当人们在感叹煤炭在发达国家走向没落的同时，美国总统特朗普却喊出了“重振煤炭业”的口号。

而在煤炭产量占全球半壁江山的中国,2016 年 12 月也爆出一个大新闻：投资 550 亿元的 400 万吨 / 年煤制油项目在宁夏建成投产，单套规模全球最大。煤炭不仅可以神奇地转化为液体燃料，而且还可以大规模工业化生产！同时，拥有 13 亿人口的南亚大国印度，2016 年产煤量已达 6.4 亿吨，仅次于排名第二的美国（6.7 亿吨），并在煤炭消费上悄悄地甩开美国，稳居第二。

但是，煤炭这一沉睡了亿万年的“黑石头”，既作为光明的使者载入史册，又作为污染的元凶备受指责，在全球变暖的大格局下，更被贴上了高碳产业的标签。那么煤炭还有未来吗？

中国特色社会主义建设已进入新时代。我国社会主要矛盾已经转化为人民日益增长的美好生活需要和不平衡不充分的发展之间的矛盾。我们在 2020 年已经全面建成小康社会，人民对美好生活环境的追求更加强烈，能源领域的低碳绿色发展已成必然趋势。因此，在习近平新时代中国特色社会主义思想的指引下，只要“顺势而为、自我革命”，煤炭就有未来。

让煤炭开发利用与绿水青山相依相伴

如何顺势而为，自我革命？那就是必须遵循“绿水青山就是金山银山”的理念，切实推进煤炭的科学开发和清洁高效利用事业，让煤炭开发利用与绿水青山相依相伴。

在全面建成小康社会，生态文明深入推进的今天，长期高强度的煤炭开发利用带来的环境损伤是必须解决的首要问题。其中，煤炭燃烧带来的大气污染是“燃煤之急”。通过超低排放改造，燃煤电厂的大气污染物排放已经达到或者接近燃气电厂的水平，但还需要在系统的环保优化、污染物的资源化利用以及微量重金属脱除等方面进一步提升。对点多面广的工业中小锅炉，则要加大推广高效洁净煤粉炉力度，对民用散煤要采用洁净燃料。

在煤炭开发过程中，虽然通过保水开采和充填开采等新工艺，对过去造成的生态破坏大大降低，但还远远不够。如何能把已开发的煤矿在开发过程中对生态的损害降至最低才是最高目标。深部煤炭资源流态化开采可能是一个方向。

在煤炭深加工领域，要通过持续不断的科技创新，减少对水资源的消耗，尽快开发出技术经济性好的污水治理和回用技术，加快装配先进的治理挥发性有机污染物的装置，让煤化工废水近零排放，让项目周边的空气和水资源不再受到污染。同时，通过发展煤基可降解塑料，用黑色煤炭破解传统塑料的“白色污染”。

推动煤炭由“燃料”向“原料”的转变，走升级版的康庄大道

煤炭“顺势而为，自我革命”的结果，不是走向穷途末路，而是走上一条升级版的康庄大道。

要继续推进煤炭从基础燃料向高档原料的转变。近年来，我国的水电、风电、太阳能、在建核电装机容量均为世界第一，2020 年底，我国可再生能源装机达到 12.13 亿千瓦，占全国发电总装机的 47.3%，已超过全国煤

电装机容量。而燃煤发电装机已明显过剩，经济效益不容乐观。因此。煤炭要加快从燃料到原料的转变，将发电份额逐步转让给清洁的非化石能源，并在高附加值的煤基化学品上下功夫，就像当年的英国把木材燃烧市场逐步转让给煤炭，而木材制造的高档家具却有很好的市场竞争力一样。近年来，煤制烯烃（塑料前身）效益较好，甚至能够经受住低油价的冲击，就是煤炭向原料转变比较成功的案例。只要坚持市场导向，依靠创新驱动，向高端化、差异化发展，煤基化学品就会有很好的未来。

不仅如此，我们还要从大宗商品向军民融合转变。“十九大”报告指出，要“深化国防科技工业改革，形成军民融合深度发展格局，构建一体化的国家战略体系和能力”。这无疑是对以生产高端油品为主的煤制油产业最大的激励。

近年来，我国每年煤炭产量在 30 多亿吨，是典型的大宗商品。由于我国掌握了煤制油大规模工业化的核心技术，在拥有一定产量后，不仅能在危急时刻短时间内快速扩张产量，以应对国际能源市场的变幻风云，还可以将具有“一大、三高、四低”的优质煤基油品用于军工，更好地保障国家安全。

为“一带一路”和“全球能源互联网”做贡献

“一带一路”包括“丝绸之路经济带”和“21 世纪海上丝绸之路”，惠及地球 2/3 以上的人口，发展潜力巨大。由中国国家电网公司发起成立的“全球能源互联网”更是为拥有超低排放燃煤发电的中国煤炭提供了广阔的用武之地。

“一带一路”沿线不少国家煤炭资源丰富，探明储量中俄罗斯、印度、哈萨克斯坦名列全球第二、第五、第八，印尼、蒙古、波兰等国的煤炭资源也较为丰富。在“一带一路”沿线国家中，我们可以利用自身技术优势帮助他们进行燃煤机组的超低排放改造，并助推其更快地实现工业化。同时，还可以利用自身优势，在充分考虑政治、经济、环境、资源等风险的基础上，开展煤炭资源开发利用、工程服务与装备技术、贸易与物流、资本运营等方面的布局，推动煤炭与新能源的优化组合，打造“一带一路”煤基能源产业链的“中国名片”。

“煤”好未来的蓝图

科技无限，创新无限。科研工作者们已经在燃煤发电、煤化工领域建成一批 CCOS 示范工程，并且为未来的煤炭描绘了一幅智慧美丽的蓝图：将来不再在地面上开发煤炭，煤炭可在地下气化，同时，还将在地下转化为清洁的化学品，产品通过地下管网送往千家万户，所有的污染物和二氧化碳在资源化利用后封存在地下。地面上已有的煤炭加工利用企业将成为智能燃煤电厂、智能煤化工厂。这些看似与煤炭相距遥远的智慧技术会和煤炭融为一体。甚至还可将采煤之后的采空区经过精装修后变身为星级宾馆，冬暖夏凉，经济实惠。

这幅智慧美好的蓝图何时走进现实，尚存在变数。但达成共识的是，在“中国梦”的第一阶段，即中国共产党成立 100 周年，全面建成小康社会之时，煤炭还是我国能源的主角。而在“中国梦”的第二阶段，即新中国成立 100 周年，中华民族伟大复兴之时，煤炭仍将发挥重要作用。煤炭的未来注定与“中国梦”的实现一路同行。

顺势而为，自我革命，就一定会迎来更加灿烂的“煤”好未来！

时光如梭，转眼间已到 2023 年。党的二十大报告为我国能源发展擘画了高质量发展的新蓝图。“十三五”期间，煤炭产业依靠创新驱动也取得更多丰硕成果。煤炭清洁高效进入创新发展新阶段，煤化工产业着眼于“高端化、多元化、低碳化”发展，已生产出可降解的煤基生物新材料，燃煤电厂超低排放改造已占煤电装机 90% 以上（见修订后 128 页）。同时，由于该书在第一次出版时时间仓促，存在一些编校错误，故这次一并进行修改和更新。当前，煤炭这个黑色精灵还在扮演能源压舱石角色，请读者持续关注煤炭产业的创新发展。

附件 1　煤炭神秘的内部结构和复杂多变的性质

通过分析煤的形成，大家得知煤的内部结构和植物中的有机质有着千丝万缕的关系，同时，经过漫长的地壳运动以及与岩石之间的交互作用，煤还含有某些矿物质。因此，煤炭这个黑石头是一种带有矿物质的有机可燃岩。那么这种有机可燃岩有着怎样的内部结构?

一、煤炭有机结构探秘

就成煤植物本身来说，是不含矿物质的，煤中矿物质是在漫长的成煤地质年代环境中混入的。

在煤的有机质中，低分子化合物含量很少，芳香结构的环状化合物含量较高（占 90%）。因此，煤为有机大分子，而这个大分子结构通常是指煤中芳香族（带苯环 的具有芳香气味的碳氢氧化合物）化合物的结构。

1. 煤的内部基本机构单元是由什么组成的?

研究发现，煤这个有机大分子是由分子量不同、分子结构相似但又不完全相同的一组“相似化合物”的混合物组成。这个混合物是由多个相似的“基本结构单元”通过桥键（链接分子间的化学力）连接而成的立体结构。

煤的基本结构单元是类似于聚合物的聚合单体，分规则和不规则两部分。规则部分由几个或十几个苯环、酯环、氢化芳香环及杂环（含氮、氧、硫等元素）缩聚而成，成为基本结构单元的核或芳香核。不规则部分是连接在核周围的烷基侧链和各种官能团。

2. 什么叫官能团?

官能团就是有机化合物分子中能够决定其进行哪些化学反应的原子或原子团。有机化学反应主要发生在官能团上，官能团对有机物的性质起决定作用，煤中的官能团主要有以下官能团:

—OH，羟基，烟煤的主要官能团;

—COOH，羧基，褐煤特性官能团，酸性比乙酸强;

—C═O—，羰基，无酸性，在煤中分布很广;

—OCH_3，甲氧基，存在于泥炭和软褐煤中;

—O—，醚基。

除此之外，煤这个有机大分子中还有氨基、亚氨基、氰基等含氮的官能团，以及二硫醚、硫醌、杂环硫等含硫基团。

因此，煤是由若干基本结构单元通过化学键连接而成的三维结构，结构单元之间的连接是通过次甲基键、醚键、硫醚、次甲基醚以及芳香碳 - 碳键等桥键实现的。

煤中还存在一些分散着的独立的非芳香族化合物，常称为低分子化合物。低分子化合物与煤大分子之间主要通过氢键和范德华力结合。这些低分子化合物来源于成煤植物（如树脂、树蜡、萜烯等），还有成煤过程中形成的未参与聚合的化合物以及形成的低分子聚合物。煤中低分子化合物分为两类：烃类和含氧化合物。

3. 变质程度与煤的内部结构

随着变质程度的提高，煤的结构单元呈规律性变化，侧链、官能团数量减少，结构单元中的缩合环数增加。不同变质程度煤的基本结构单元如附图 1–1 所示。

从附图 1–1 可看出，低变质程度的煤以苯环、萘环（两个苯环）和菲（蒽的同分异构体）环为主，中等变质程度的烟煤以菲环、蒽环（3 个苯环）

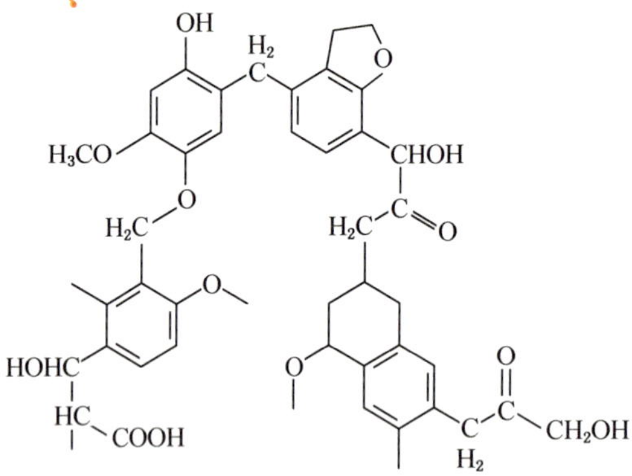

褐煤分子结构

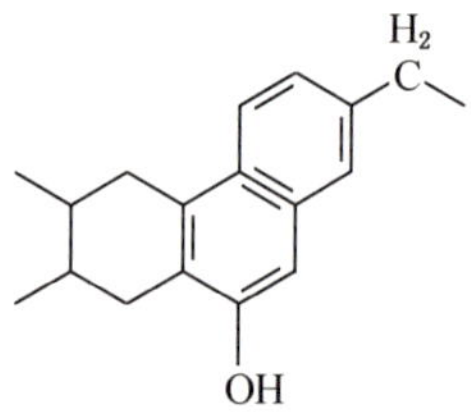

高挥发分烟煤分子结构

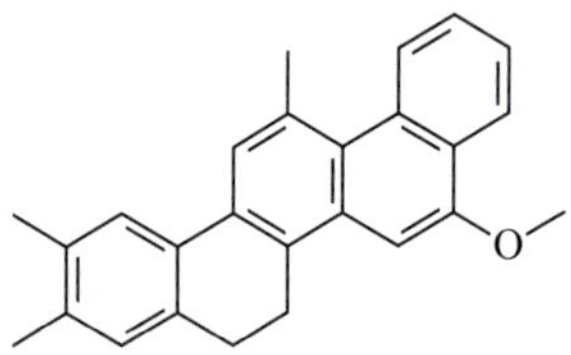

低挥发分烟煤分子结构

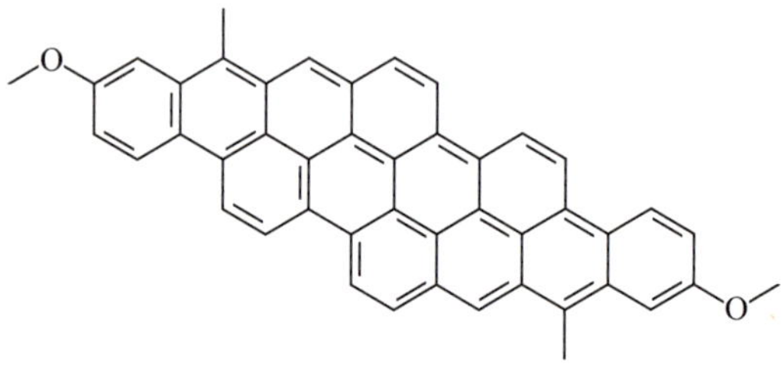

无烟煤分子结构

附图 1-1　不同变质程度煤的基本结构单元

和吡环为主，在无烟煤阶段，基本结构单元中芳香环数急剧增大，逐渐向石墨结构转变。

低变质程度的煤含有较多的非芳香结构和含氧基团，芳香核的环数较少。年轻煤，如褐煤和高挥发分烟煤，其规则部分小，侧链长而多，官能团也多，因此形成比较疏松的空间结构，具有较大的孔隙率和较高的比表面积。

中等变质程度的煤，如低挥发分烟煤，含氧官能团和烷基侧链少，芳核上有所增大，结构单元之间的桥键减少，使煤的结构较为致密，孔隙率低。由此，煤的物理化学性质和工艺性质在此处发生转折。

变质程度高的年老的煤，比如无烟煤，其缩合环显著增大，大分子排列的有序化增强，形成大量的类似石墨结构的芳香层片。同时，芳香层片排列得更加紧密，产生了收缩应力，以致形成了新的裂隙。这是无烟煤阶段孔隙率和比表面积增大的主要原因。

通过以上分析，可以认为煤是三维空间高度交联的非晶质的高分子缩聚物，其结构单元的核心是缩合芳香核，结构单元的周边有不规则部分，结构单元之间由桥键连接，氧、氮、硫参与了缩聚物的组成，并且这个缩聚物中含有一些独立的低分子化合物。同时，变质程度（煤化程度）不同，煤的有机大分子结构也不相同，变质程度越高，结构越规整。

目前广为接受的煤炭有机大分子可燃岩的分子结构模型是 1984 年 J H

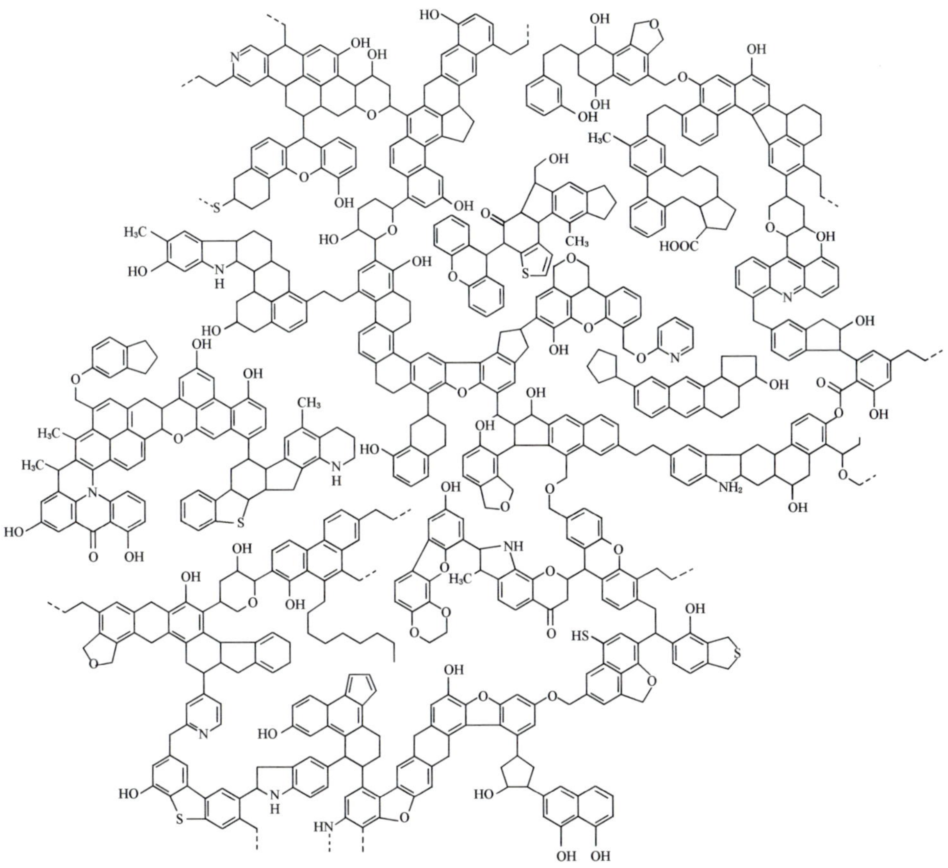

附图 1-2　J H Shinn 煤分子结构模型

Shinn 根据一段和二段液化产物分布提出的，又称反应结构模型。具体结构如附图 1-2 所示。

二、煤的性质大探究

煤炭是一个自然产品，生产方式不能改变其质量，而且变质程度不同，所处地质条件不同，煤炭的性质都不相同。世界上没有一模一样的煤田。但了解煤的物理化学性质又是煤炭生产和煤炭利用的现实需要。

1. 煤的物理性质

1）煤的颜色、密度、硬度、抗碎强度

通常从褐煤到烟煤再到无烟煤，颜色由棕褐色、黑褐色变为深黑色，最后变为黑灰色而带有钢灰色甚至古铜色。煤的变质程度越高，密度越大，褐煤就比烟煤和无烟煤密度小、分量轻。一般来讲，变质程度浅的煤硬度低，但煤中所含矿物质对煤的硬度也有影响，比如黄铁矿（硫铁矿）的硬度就远比煤炭的硬度高，因此，如果煤中含硫铁矿，其硬度也较大。同时，煤炭遭受风化和氧化时，硬度会不断降低。煤的抗碎强度也一样。

2）煤的热性质、热稳定性、电性质、光学性质

煤的热性质一般用煤的比热容和热稳定性来表征。煤的比热容是指在一定温度范围内，单位质量的煤温度升高 1℃所需要的热量，用 C 来表示。煤的比热容一般随着煤化程度的提高而减小。煤中含水量高，比热容就会高。

煤的热稳定性是指块煤在高温下保持原来粒度的能力，用 TS 表示。一般来说，褐煤的热稳定性最差，其次是无烟煤，烟煤的热稳定性较好。

煤的电性质主要是指煤的导电性，即煤传导电流的能力。褐煤的导电

性较强，从褐煤到长焰煤变质程度加深阶段，导电性下降，长焰煤的导电性最差；而在烟煤阶段，煤的导电性随着变质程度的增加而增加；在无烟煤阶段，煤的导电性提高更快，无烟煤如果继续变质到石墨，就是很好的导电体了。

煤的光学性质主要是指煤在可见光照射下的反射率、折射率、透光率等。

煤的反射率和煤的显微组分有关。煤的显微组分是指煤在显微镜下能够区别和辨识的最基本的煤的组成成分，是显微镜下能观察到的煤中成煤原始植物残体转变而成的有机成分。其中，镜质组是植物的木质纤维组织受凝胶化作用转化而形成的，是煤中最常见和最重要的显微组分。煤的镜质组反射率一般采用显微光度计测定。随煤化程度的加深而加大，镜质组反射率和煤的变质程度有很好的线性关系。镜质组平均最大反射率已作为煤分类的重要指标。

煤的折射率是指光在煤炭界面发生折射后进入煤炭内部时，其入射角和折射角的正弦之比。煤的折射率与反射率一样随煤化程度的提高而增大。

煤的透光率是指煤样在 100℃的稀硝酸溶液中处理 10 分钟所得有色溶液对一定波长（475 纳米）的光的透过率，用 PM 表示。透光率在反映年轻煤的煤化程度时非常灵敏，因此在煤分类时作为划分褐煤和长焰煤的主要指标。

2. 煤的化学性质

煤的主要成分是碳，煤的化学性质主要是煤中的碳参与化学反应的性质，主要是指煤的氧化、煤的加氢、煤的磺化反应。煤之所以可以神奇地变成油、气和化工产品，主要依据就是煤的化学性质。随着变质程度（煤化程度）的增加，煤参与化学反应的能力逐渐减弱。低变质程度煤的化学反应性较强。

1）煤的氧化性质

煤的氧化就是煤与空气中的氧气，或与氧气发生的化学反应。煤的氧化一般分为煤的表面氧化、轻度氧化、中度氧化、深度氧化和完全氧化。

煤表面氧化，氧化条件较弱，一般是在温度小于100℃下进行，煤经过表面氧化后，虽然氧化程度不深，但煤的性质发生了较大变化：表面积增加、机械强度降低、热值降低、黏结性下降甚至消失，对煤的应用产生较大不利影响。

煤轻度氧化，一般是在100～300℃的空气或氧气中氧化，氧化的主要产物是可溶于碱液的高分子有机酸——再生腐植酸。

煤中度氧化，是在200～300℃的碱性溶液中，用空气或氧气加压氧化；利用煤的中度氧化和深度氧化可以制备多种有机酸，是煤加工利用的一个重要途径。

煤的完全氧化就是我们非常熟悉的煤的燃烧，指煤在高温下燃烧，生成二氧化碳和水，并放出大量热能的过程。

另外，煤的风化与自燃也与煤的氧化有关。煤的风化是指离地表较近的煤层或露天堆放的煤炭，经受风、霜、雪、雨、冰冻、日晒和空气中氧等的长时间作用，发生漫长的氧化作用，使煤的性质发生一系列不利变化，这一过程称为煤的风化作用。煤风化后碳元素和氢元素含量下降，氧元素含量增加，腐植酸含量增加。同时，光泽变暗，机械强度下降、硬度下降，疏松易碎，表面积增加。煤风化过程是一个氧化放热过程，如果煤氧化释放的热量不能及时散发，则会被煤吸收而使煤的温度提高。温度的提高又促使了煤更加剧烈地氧化，放出的热量就更多，当温度达到煤的着火点时，就会发火燃烧，这一过程称为煤的自燃。

变质程度较低的褐煤、长焰煤较易发生风化和表面氧化。

在这里，要着重讲讲煤轻度氧化以及风化过程中产生的腐植酸。一般，泥炭、褐煤、风化煤被碱所抽提的物质叫腐植酸，呈弱酸性。它不是单一的化合物，是一种高分子的非均一缩聚物，不易溶化不易结晶，是一种无

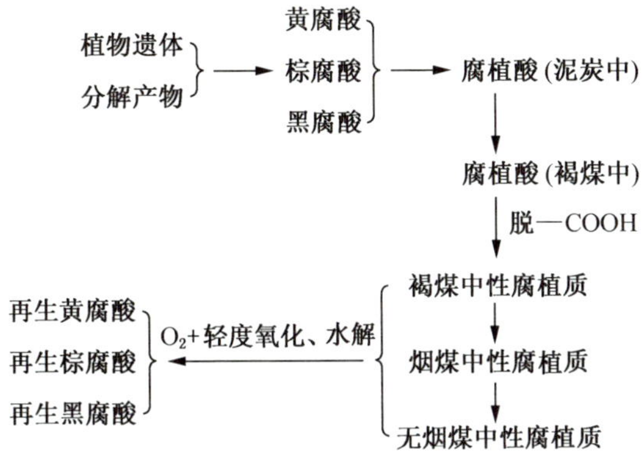

附图 1-3　腐植酸的种类

定形的高分子胶体。一般按腐植酸在不同溶剂中的溶解度和颜色，可分成3个组分：黄腐酸、棕腐酸和黑腐酸（附图1-3）。

腐植酸类物质可在农业上用作土壤肥料。目前我国经审议定性的有腐植酸铵、腐植酸钠、硝基腐植酸铵等。腐植酸肥料是植物生长的刺激剂，可增产粮食，也可作为土壤改良剂、多功能除草剂、蔬菜生理病预防剂、饲料添加剂、杀虫杀菌剂、养殖池环境调整剂等。

腐植酸在工业上可用于水泥减水剂、锅炉除垢剂、锅炉硬水软化剂、钻井泥浆调整剂、浮选药剂、制造偶氮染料、涂剂（船底漆防污剂、抗腐蚀剂）、黏结剂（型煤、型焦制造）、脱硫剂（煤气、焦炭生产过程中）等。

除上述农业和工业用途之外，腐植酸还可以用于医药，可调整机体的免疫功能、抑制肿瘤的生长、调节内分泌，并有止血和活血作用。

2）煤的加氢

煤加氢化学反应就是向煤结构里加氢，促使煤的化学结构发生变化，提高其中氢含量的过程。煤的加氢又称为煤的氢化。最初研究煤加氢的主要目的是制取液体燃料。通过对煤加氢，可以破坏煤的大分子结构，生成分子量较小、氢碳原子比大、结构简单的有机化合物。深度加氢可以生成液体油。因此，煤深度加氢也叫煤的液化。

要对煤加氢，必须考虑煤的变质程度。低阶煤较易进行加氢反应，变质程度高的烟煤和无烟煤，因为反应活性差，很难进行加氢反应。

通过研究发现，煤中碳含量在81%～83%时，加氢液化时的油产率最高，而碳含量在83%以上的高变质煤难以加氢液化。所以，加氢液化应选择氢碳原子比高的煤，一般氢碳原子比在0.8～0.9时，液化油的产率最高。而氢碳原子比高到一定程度，油产率反而会下降，这是因为太年轻的煤虽然氢含量高，但含氧量也高，在加氢液化时生成的水也多，耗氢量大；氢碳原子比小于0.6时，为中等变质程度以上的烟煤和无烟煤，加氢就困难了。所以，适于加氢液化的煤种是褐煤、长焰煤和气煤。

通过对煤加足够的氢，煤中的氢含量大大增加，氧和硫的含量降低，生成了低分子的液态产物和少量的气态产物。同时，煤加氢反应因原料煤的性质、反应温度、反应压力、含氢量、加氢溶剂和催化剂的种类不同而不同，所得产物的产率、组成、性质也不同。所以对煤进行加氢反应，除了要看原料煤性质之外，合理选择反应条件也是十分重要的。另外，对煤加氢的难易还和煤中的显微组分和煤中矿物质有关。

除了煤在氧化和加氢时反映出的化学性质之外，还有煤在溶剂抽提和磺化时显示的化学性质。在此就不过多叙述。

附件 2　煤的工业分析和元素分析是什么意思？

煤在实际应用过程中都是用一些指标来表征的，如国家对商品煤就有很多的煤质指标要求。同时，在进行煤的分类时也依据了很多煤质指标。这些指标都是煤经过工业分析和元素分析后获取的。

一、煤的工业分析指标

煤的工业分析是煤炭应用中最常提到的名词，人们通过工业分析得出的煤中水分、灰分、挥发分、固定碳和发热量指标来基本确定煤炭质量的好坏。

水分是表征煤炭质量的重要指标。煤中的水可分为游离水和化合水。游离水是可以通过工业分析测定出来的水分，化合水是指煤中与矿物质结合的结晶水以及煤有机结构中的氢和氧元素在热解时生成的水，工业分析中的水分不包括这部分水。煤工业分析中水分的符号是 M。

灰分也是煤质的重要指标。煤中灰分是指在工业分析测试条件下，煤中矿物质经过分解、氧化和化合等化学反应之后转化的成分。煤的灰分来源于煤中矿物质，但煤的灰分产率比相应的矿物质含量低，煤灰成分也和矿物质不同。一般来讲，灰分高的煤，意味着有益的成分不多、无效成分多，质量不好。煤工业分析中灰分的符号是 A。

挥发分和固定碳也是衡量煤质的重要指标。它们是煤中有机质在隔绝空气加热（热解）后的产物。煤工业分析中去掉水分、灰分、挥发分，剩下的就是固定碳，其随变质程度的增高而增高。固定碳是煤的发热量的重要来源，挥发分是煤的有机质在隔绝空气热解后形成的可挥发的小分子有机物的产物。同时挥发分也是煤炭分类的重要指标。一般来讲，变质程度较低的煤挥发分较高，无烟煤挥发分含量很低。煤工业分析中挥发分的符号是 V，固定碳的符号是 FC。

二、 煤的元素分析指标

煤的元素分析是对组成煤的有机质中的主要元素进行化验分析，因此，煤的元素分析也叫煤的有机质的元素组成分析，是煤进行化学转化时必须进行的一种重要的分析方法。目前对煤进行元素分析一般是指煤中碳（C）、氢（H）、氧（O）、硫（S）的元素分析。

煤中碳元素是构成煤分子骨架的最重要的元素，也是煤炭燃烧过程中放出热能的最主要的元素。随着变质程度的增加，煤中碳元素逐渐增加，从褐煤的 60% 左右一直增加到年老无烟煤的 98%。

氢元素是煤中第二重要的元素。煤中的氢元素主要存在于煤分子的侧链和官能团上，在有机质中的含量为 2.0%~6.5%，随变质程度的提高氢元素呈下降趋势。

氧元素也是组成煤有机大分子的重要元素，主要存在于煤分子的含氧官能团上，如—OCH_3、—COOH、—OH 等基团上均含有氧原子。随着变质程度的增加，煤中氧含量迅速下降，从褐煤的 23% 左右下降到中等变质程度肥煤的 6% 左右，到无烟煤时大概就只有 2% 左右了。

硫元素是煤中的有害元素，在煤的焦化、气化和燃烧中均会产生对公众和环境有害的硫化氢和二氧化硫等气体。但在煤化学加工过程中，通过适当的工艺可以把有害元素硫变为有益产品，如硫黄等。煤中的硫分为有机硫和无机硫，有机硫是参与到煤有机大分子结构中的硫，无机硫主要是煤中硫铁矿和硫酸盐中的硫。煤中的无机硫通过煤炭的洗选可以很好地去除，但煤中有机硫很难用物理方法去除。

评价煤的质量的另一个重要指标是煤的工业分析中的发热量。煤的发热量也叫煤的热值，是指单位质量的煤完全燃烧后所释放出的热能。发热量是煤重要的煤质指标，是煤作为燃料使用价值高低的体现。煤的发热量是锅炉设计的重要依据，也是煤炭分类的重要指标之一。随着煤变质程度的加深，煤的发热量逐渐升高，这主要是因为碳含量逐渐升高所致。从褐煤到无烟煤，无烟煤的发热量最高。煤工业分析中发热量的符号是 Q。

最后再介绍一下煤的灰熔点。煤的灰熔点也叫煤炭熔融性，它是动力和气化用煤的重要指标。煤炭是由各种矿物质组成的混合物，所以没有一个固定的熔点，只有一个熔化温度范围。煤中矿物质成分不同，煤的灰熔点也不同。煤的灰熔点一般用以下三个温度来表示：DT（变形温度）、ST（软化温度）和FT（熔化温度），一般用软化温度ST来评定煤的灰熔融性高低。煤灰熔点和煤灰里的氧化铁、氧化铝和二氧化硅含量有关，氧化铝和二氧化硅的含量越高，煤灰的熔点就越高，氧化铁含量越高，煤灰熔点就越低。

除此之外，还有煤炭黏结度分析、成焦性分析、煤灰成分分析、煤灰黏结度性能分析等。

以上这些煤质指标都是煤炭加工利用方向的重要参考。比如要作为动力用煤就要看煤在工业分析中固定碳含量、发热量的高低，要作为加氢用煤就要看煤中元素分析时氢碳原子比的高低，要进行气化就得看煤的挥发分含量，等等。

附件 3 我国壮观的 14 个亿吨级煤炭基地

一、 神东和蒙东 2 个亿吨级煤炭基地

神东基地位于陕西省北部、晋陕蒙三省交界地带，以神府、东胜两大矿区为主。神府煤田位于山西榆林，煤炭储量达 1349.4 亿吨；东胜煤田位于内蒙古鄂尔多斯市伊克昭盟境内，探明储量 2236 亿吨。以上述两大矿区为主的神东煤田是我国已探明储量最大的整装煤田，约占全国已探明储量的 1/4，属世界七大煤田之一。神东煤田的煤为世界少见的优质动力煤，尤其以煤田南部为最佳。神东现拥有生产矿井 15 个，其中内蒙古境内 9 个，陕西境内 5 个，山西境内 1 个。在矿井规模上，有 2 个达到了 2000 万吨 / 年以上，8 个达到 1000 万吨 / 年，整体产能超过 2 亿吨。

蒙东基地探明储量为 909.6 亿吨，在全国五大露天煤矿中，伊敏、霍林河、元宝山三大露天煤矿均处于蒙东地区，伊敏矿区探明储量 50 亿吨，霍林河矿区探明储量 131 亿吨，元宝山矿区保有储量 16 亿吨。

二、 陕北、宁东和黄陇 3 个亿吨级煤炭基地

陕北地区是我国重要的煤炭基地，主要包括榆神、榆横两大矿区。榆神矿区位于神府矿区南部，面积为 5500 千米 ^{2}，探明储量 301 亿吨；榆神矿区含煤面积 2700 千米 ^{2}，可采储量 188.89 亿吨。

宁东基地位于银川东部的灵武，该区域优质无烟煤储量达 273 亿吨，主要包括鸳鸯湖、灵武、横城三个矿区。宁东煤田已探明储量 270 多亿吨，居全国第六位，占宁夏全区已探明储量的 85%。

黄陇基地包括彬长（含永陇）、黄陵、华亭等矿区，探明储量近 150 亿吨。其中黄陵矿区煤炭储量丰富，煤田总面积 1000 千米 ^{2}，地质储量 20 亿吨，可采储量 15 亿吨。

三、晋东、晋中、晋北 3 个亿吨级煤炭基地

山西是中外闻名的煤炭之乡，煤炭工业是该省的支柱产业。多年来，山西煤炭工业为国家经济社会的发展提供了强有力的能源支撑。2008-2017年，山西省以每年占全国煤炭总产量 1/4 左右、占全国省际煤炭净调出量 7 成以上、占全国煤炭出口量 50% 左右的比例，供应全国 28 个省（市、区）以及 20 余个国家和地区用煤。山西煤层气产量占全国的 90%。新增煤炭资源储量 673.11 亿吨。煤矿大中型矿山比例由 2008 年的 16.96% 提高到 94.60%。进入全国 14 个亿吨级煤炭基地的是晋东、晋中和晋北 3 个亿吨级煤炭基地。

晋东基地是我国最大和最重要的优质无烟煤生产基地，由晋城、潞安、阳泉等矿区组成。其中，晋城矿区主要为低灰、低硫、高发热量优质无烟煤和中灰、中高硫、高发热量无烟煤；阳泉矿区探明地质储量 104 亿吨，高品质无烟煤可采储量为 21 亿吨，且埋藏浅、易于开发。

晋中基地地处山西省中部及中西部，主要包括太原西山、东山、汾西、霍州、离柳、乡宁、霍东、石隰矿区，煤炭可采储量 192 亿吨。

晋北基地是我国特大型动力煤基地，位于“西电东送”北通道中枢位置，主要包括大同、平朔、朔南、轩岗、河保偏、岚县矿区。其中，平朔矿区拥有煤炭资源总量近 95 亿吨，大同矿区保有探明储量 386.43 亿吨。该基地设计总规模 4500 万元 / 年，是我国重要的优质动力煤生产基地。

四、冀中和河南 2 个亿吨级煤炭基地

冀中基地探明煤炭储量达到150亿吨，可采储量20亿吨以上，包括开滦、峰峰和蔚县矿区。

河南省是我国主要产煤大省，全省 2000 米以上已探明的煤炭资源储量为 1130 亿吨，保有储量为 245 亿吨。鹤壁矿区煤炭资源累计探明储量约 13.41 亿吨，保有储量 10.88 亿吨，可采储量 4.74 亿吨；焦作矿区预测煤

炭储量 80 亿吨；平顶山矿区煤炭储量超过 100 亿吨。

五、鲁西和两淮 2 个亿吨级煤炭基地

鲁西基地范围覆盖兖州、济宁、新汶等多个矿区，探明煤炭储量约 160 多亿吨。兖州矿区拥有兖州和济宁东部两块煤田，资源储量约 36.6 亿吨，可采储量 17.7 亿吨。巨野矿区包括巨野煤田和梁宝寺煤田，总地质储量 55.7 亿吨，其中巨野煤田地质储量 48.7 亿吨。

两淮基地包括淮南和淮北矿区，探明煤炭储量近 300 亿吨。淮南矿区探明储量 153 亿吨（远景储量 444 亿吨），预计到 2020 年煤炭年产量将达到 1.5 亿吨。淮北矿区位于安徽省北部，探明储量 98 亿吨，现有生产矿井 23 处，总设计能力为 1932 万吨 / 年。

六、新疆和云贵 2 个亿吨级煤炭基地

新疆煤炭资源总量预测约为 22000 亿吨，占全国煤炭预测储量的 40% 以上，主要由吐哈、准噶尔、伊犁、库拜四大区组成，主要包括 36 个矿区。

云南和贵州两省是我国南方重要的煤炭生产基地。贵州省初步探明南、北盘江腹地煤炭储量达 330 亿吨，其中可就近通过水运的煤炭储量达到 92 亿吨。云南省的文山、红河两州煤炭储量超过 50 亿吨。

附件 4　煤制油技术工艺成长史

一、煤炭直接液化技术的成长史

1. 煤炭直接液化技术的诞生（1913 年）

煤直接液化技术在国外的研发历程源远流长，早在 19 世纪就有科学家开始研究煤炭液化技术。1869 年，M·贝特洛用一种化学试剂——碘化氢与煤发生反应，得到液体油类和沥青状物质。1913 年，德国科学家柏吉乌斯进行了用煤炭生产液体燃料的研究并取得成功，为煤炭的直接液化奠定了基础，后来人们把它作为煤直接液化历史的开端。

2. 煤炭直接液化技术的快速成长期（1913—1945 年）

从 1913 年至 1945 年第二次世界大战结束的这一段时期是煤直接液化技术研究的鼎盛时期，也是煤直接液化技术快速成长的重要阶段。1921 年，德国建成了煤炭处理量为 5 吨 / 天的试验装置，并于 1927 年建立了世界上第一个煤直接液化工厂，年生产油品 10 万吨。1931 年，德国、美国、英国和荷兰成立了国际性的煤液化技术开发协同机构——国际加氢专利公司，对煤直接液化技术进行了世界范围的开发研究，为煤直接液化技术的工业化起到了积极的推动作用。

3. 煤炭直接液化技术的缓慢发展期（1945—1973 年）

1945 年第二次世界大战结束后，由于战争的破坏，更主要的是中东地区大量廉价石油的开发，使煤直接液化失去了竞争力和继续存在的必要。这段时间，除美国利用获取的德国研究资料做了大量基础工作外，其他国家（包括德国、日本、英国、法国等工业发达国家）均放缓了研究开发速度。

4. 煤炭直接液化技术的复兴期（1973 年至现在）

1973 年和 1979 年的两次世界石油危机，促使煤炭液化技术的研究开发形成一个新的高潮。美国、德国、英国、日本、苏联等发达国家都开展了大规模的开发试验工作。试验规模从实验室小试到每天吨级中试、直至每天数百吨级的工业性规模应有尽有。经过十多年的努力，相继开发出多种新工艺，一时呈现出百花齐放的态势。

中国的煤直接液化技术研究始于 20 世纪 70 年代末，由煤炭科学研究总院牵头，先后与美国、德国、日本等工业发达国家合作建设了数套煤直接液化小试装置，对已有技术进行了总结创新，到 20 世纪 90 年代已经建成具有国际先进水平的煤炭直接液化实验室，形成了中国煤直接液化工艺的思想。之后，神华集团在充分消化吸收国内外现有煤直接液化技术的基础上，联合国内研究机构，完全依靠自己的技术力量成功开发出具有自主知识产权的神华煤直接液化工艺，并在全世界第一个完成了从实验室小试(BSU)、中试 (PDU) 直至百万吨级工业示范装置的完整开发过程，使我国成为世界上唯一掌握百万吨级煤直接液化技术的国家。

利用具有自主知识产权的神华煤直接液化工艺技术，我国于 2008 年在内蒙古鄂尔多斯建成全球首套百万吨级煤直接液化工业化装置，每天可以将 6000 吨黑色的煤炭转化为无色透明的油品，每年可提供清洁油品 100 万吨。

二、煤间接液化技术的发展

20 世纪 20 年代，德国最先开始煤间接液化技术研究，并于 1936 年首先建成较大规模的煤间接液化合成油厂。到 1955 年，世界上已有 18 个合成油厂，每年能够生产 100 万吨油。之后，由于石油工业的兴起和发展，大部分合成油厂关闭停运。20 世纪 50 年代，由于制裁等原因，南非开始建设煤间接液化合成油厂。南非萨索尔公司于1955年建成合成油厂，1980—1982年萨索尔二厂、萨索尔三厂相继建成投产。萨索尔公司在近50年的发展过程中，不断完善其费托合成催化剂和工艺过程，到2012年，成为当时世界上最大的以煤基合成油品为主导的大型综合性公司。

我国从20世纪50年代开始研究煤间接液化制油技术。1951年，新中国生产出第一桶煤间接液化油品。不过，随着国内油田依次被发现，煤间接液化制油技术逐渐淡出人们的视野。然而，进入改革开放后，石油价格开始波动起伏，中国科学院山西煤炭化学研究所集中科研力量，开始了我国第二次煤间接液化制油之旅。科研人员陆续研制出新型催化剂，开发出新式合成工艺，油收率也得到较大提升。1997年，中国科学院山西煤炭化学研究所组织了中科合成油研发团队，立志研发出我国自己的煤间接液化制油技术。2002年，山东兖矿集团也开始研发自主创新的煤间接液化制油技术；2006年，神华集团也开始自主研发煤间接液化制油技术。

参考文献

[1] 张双全，吴国光．煤化学[M]．徐州：中国矿业大学出版社，2004．

[2] 《能源百科全书》编辑委员会．能源百科全书[M]．北京：中国大百科全书出版社，1997．

[3] 侯侠，张伟伟．煤化工科普知识[M]．北京：中国石化出版社有限公司，2013．

[4] 王润福．煤炭传奇[M]．北京：地质出版社，2016．

[5] 巴巴拉·弗里兹（美）．黑石头的爱与恨：煤的故事[M]．时娜，译．北京：中国出版集团，2017．

[6] 肖钢，马丽．黑色的金子：煤炭开发、利用与前景[M]．北京：化学工业出版社，2009．

[7] 吕大炜，潘拥军，梁吉坡．地下乌金——煤[M]．济南：山东科学技术出版社，2016．

[8] 吴晓煜．中国古代煤矿史的基本脉络和煤炭开发利用的主要特征[J]．中国矿业大学学报（社会科学版），2010，12(3)：91–98．

[9] 中国对煤炭的利用历史[J]．西部资源，2012(1)：31．

[10] 薛毅．中国古代炼铜冶铁制陶燃料初探——以先秦秦汉时期的煤炭为例[J]．湖北理工学院学报（人文社会科学版），2012，29（6）：1–6．

[11] 刘子刚，马学慧．世界最大的泥炭地——俄罗斯瓦休甘泥炭沼泽[J]．湿地科学与管理，2006(3)：62–63．

[12] 赵新雨．中国古代对煤的认识和利用[J]．自然辩证法通讯，1981，3(3)：62–62．

[13] 王仲荦．古代中国人民使用煤的历史 [J]．文史哲，1956(12)：28–34．

[14] 王琴希．中国古代的用煤 [J]．化学通报，1955(11)：703．

[15] 金定安．工业锅炉原理 [M]．陕西：西安交通大学出版社，1986．

[16] 冯现河，尚庆雨，王乃继，等．新型大容量高效煤粉蒸汽锅炉 [J]．工业锅炉，2013(2)：8–14．

[17] 尚庆雨．我国煤粉工业锅炉技术现状及发展趋势 [J]．煤炭科学技术，2016（1）：201–206．

[18] 刘建航．我国燃煤工业锅炉现状及分析 [J]．洁净煤技术，2017，23(4)：107–113．

[19] 盛晓红．哈伯与合成氨工业 [J]．教育教学论坛，2013（46）：156–157．

[20] 毛华茂．合成氨、化学武器和哈伯 [J]．化学教学，1997(2)：15–16．

[21] 刘化章．合成氨工业：过去、现在和未来——合成氨工业创立 100 周年回顾、启迪和挑战 [J]．化工进展，2013，32(9)：1995–2005．

[22] 吴秀章，舒歌平，李克健，等．煤炭直接液化工艺与工程 [M]．北京：科学出版社，2015．

[23] 舒歌平．我经历的煤直接液化 [J]．能源，2014（11）．

[24] 张鸣林，韩梅．兖矿集团煤炭间接液化项目的进展及其煤炭气化多联产系统的应用前景 [J]．中国煤炭，2006（2）．

[25] 李安学，王立夫，左玉帮．煤制合成天然气工厂建设若干问题的探讨 [J]．化工进展，2013，32（12）：2877–2881．

[26] 钱伯章．煤化工技术与应用 [M]．北京：化学工业出版社，2015：242–273．

[27] 钱卫，黄于益，张庆伟，等．煤制天然气（SNG）技术现状 [J]．洁净煤技术，

2011，17(1)：27–32.

[28] 孙小涛，江林．中国煤制天然气技术经济性分析[J]．中国石油和化工经济分析，2012(3)：64–66.

[29] 张洋洋，段艳慧，刘欣，等．煤制天然气技术现状及项目进展[J]．化肥工业，2016，43(5)：41–43.

[30] 王平尧．甲醇合成反应器的分析与选择[J]．化肥设计，2007，45（3）：17–22.

[31] 刘吉平．甲醇合成技术的发展[J]．石油化工应用，2008，27（6）：13–18.

[32] 郝西维，张军民，刘弓．甲醇制烯烃技术研究进展及应用前景分析[J]．洁净煤技术，2011，17（3）：48–51.

[33] 周张锋，李兆基，潘鹏斌，等．煤制乙二醇技术进展[J]．化工进展，2010，29（11）：2003–2009.

[34] 李清，蒋美芬．煤制乙二醇生产工艺技术进展及技术经济分析[J]．上海化工，2016，41（3）：23–31.

[35] 张庆．煤制乙二醇技术进展及产业分析[D]．西安：西北大学，2012.

[36] 王亚飞．论煤矿开采对地下水的影响[J]．科技情报开发与经济，2008，18(30)：222–223.

[37] 王力，卫三平，王全九．榆神府煤田开采对地下水和植被的影响[J]．煤炭学报，2008，33(12)：1408–1413.

[38] 段鹏．挖煤对山西水资源破坏有多大[N]．发展导报，2002–04–09(1).

[39] 杜永刚．山西煤炭开采对水资源破坏详情摸清[N]．中国测绘报，2004–05–

28.

[40] 刘晔．山西采煤对水资源破坏影响的评价分析 [J]．山西煤炭，2008，28(2)：1–3.

[41] 程琛，杨凝，刘佳俊，等．矿山开采工程对水质的影响及处理措施 [J]．阴山学刊（自然科学版），2017，31(3)：1–4.

[42] 马本秀．煤炭开采对地下水水质的影响预测与分析 [J]．山西科技，2014，29(1)：70–73.

[43] 顾大钊．煤矿地下水库理论框架和技术体系 [J]．煤炭学报，2015，40(2)：239–246.

[44] 顾大钊，张勇，曹志国．我国煤炭开采水资源保护利用技术研究进展 [J]．煤炭科学技术，2016，44(1)：1–7.

[45] 韩树青，范立民，杨保国．开发陕北侏罗纪煤田几个水文地质工程地质问题分析 [J]．中国煤田地质，1992，4(1)：49–52.

[46] 韩树青．陕北萨拉乌苏组的地下水 [J]．煤田地质与勘探，1989（1）：45–46.

[47] 范立民．神木矿区的主要环境地质问题 [J]．水文地质工程地质，1992，19(6)：37–40.

[48] 疏开生．微山湖下采煤的试验与研究 [J]．煤炭科学技术，1992(7)：44–49.

[49] 闫卫，张合泉．我国首个海下采煤工作面成功试采完毕 [N]．科技日报，2005–08–22(8).

[50] 于秋鸽，郭文兵．地下非充分采动对地表民房的影响范围研究 [J]．煤炭科学

技术, 2016, 44(7):191—195.

[51] 郭文兵 . 开采损害与保护 [M]. 北京 : 煤炭工业出版社, 2008:25—45.

[52] 杨杰 . 沉没的煤, 浮起的新日子 [N]. 中国青年报, 2017—07—12(12).

[53] 于秋鸽, 张华兴, 邓伟男 . 基于 Boltzmann 函数的地表动态下沉模型研究 [J]. 煤矿开采, 2017, 22(3):52—54, 44.

[54] 苏迪 . 济宁市采煤塌陷地综合治理存在问题与对策研究 [D]. 泰安: 山东农业大学, 2016.

[55] 叶东疆, 占幸梅 . 采煤塌陷区整治与生态修复初探——以徐州潘安湖湿地公园及周边地区概念规划为例 [J]. 中国水运 (下半月), 2011, 11(9):242—243.

[56] 苏艺 . 安徽淮南最大水上光伏电站建成 [N]. 中国有色金属报, 2017—09—19(4).

[57] 张临山 . 大同光伏示范基地如何领跑 [N]. 山西日报, 2015—08—03(C02).

[58] 徐振刚, 孙晋东 . 中煤集团煤化工污水处理思考与实践 [J]. 煤炭加工与综合利用, 2014(8):28—30.

[59] 吴秀章 . 中国二氧化碳捕集与地质封存首次规模化探索 [M]. 北京 : 科学出版社, 2013.